冯宇 主编

使用手册

电力互感器术语

DIANLI HUGANQI SHUYU
SHIYONG SHOUCE

U0299909

中国电力出版社
CHINA ELECTRIC POWER PRESS

内 容 提 要

作为一、二次设备融合的"桥梁",电力互感器承担着为继电保护、测量(计量)装置以及自动控制提供测量信息的任务,其设计、制造、运行和维护水平的进步,对于提升电网的安全运行水平和抵御风险能力具有重要意义。

本书从电力互感器术语出发,依据相关标准、规范,收录术语 160 余条,涵盖定义、定义来源、解析、历史沿革、符号或公式、实物图、延伸等,详细展现了从定义到实物图、典型设计参数和运维经验等全方位知识。同时,读者可通过扫描二维码获得术语的数字化补充信息。

本书可供电力互感器相关专业的科研、设计、运维人员以及初学者入门使用。

图书在版编目(CIP)数据

电力互感器术语使用手册/冯宇主编 . —北京:中国电力出版社,2017.9(2018.3 重印)
ISBN 978 - 7 - 5198 - 0933 - 1

Ⅰ.①电… Ⅱ.①冯… Ⅲ.①互感器—名词术语—手册 Ⅳ.①TM45-62

中国版本图书馆 CIP 数据核字(2017)第 161667 号

出版发行:中国电力出版社
地　　址:北京市东城区北京站西街 19 号 (邮政编码 100005)
网　　址:http://www.cepp.sgcc.com.cn
责任编辑:张　涛　高　芬(fen-gao@sgcc.com.cn)
责任校对:闫秀英
装帧设计:王英磊　左　铭
责任印制:邹树群

印　　刷:北京瑞禾彩色印刷有限公司
版　　次:2017 年 9 月第一版
印　　次:2018 年 3 月北京第二次印刷
开　　本:710 毫米×980 毫米　16 开本
印　　张:11.5
字　　数:187 千字
印　　数:1001—2000 册
定　　价:66.00 元

编　委　会

主　编　冯　宇

副主编　王世阁　隋玉秋　张淑珍

编写组　江　波　沙玉洲　刘玉凤　张军阳　张玉莹

　　　　　王增文　车传强　白建伟　孙　敏　李兴刚

　　　　　王均梅　尹世安　袁宇波　王香芳　庞福滨

　　　　　姚森敬　李学斌　龙凯华　孔宪国　凡　勇

　　　　　杜　砚　徐思恩　李晓峰　尹志荣　张侃君

　　　　　李　辉　李　敏　蔡胜伟　李　勐

　　随着电力系统规模的日益扩大，其安全稳定性问题的重要程度也越来越高。电力互感器（简称互感器）作为一类变电设备，其作用相当于电力系统的"眼睛"和"耳朵"，承担着为继电保护、测量（计量）装置以及自动控制提供测量信息的任务，其自身的可靠性和稳定性是电网安全稳定运行的重要组成部分。在此背景下，通过技术和管理手段不断促进互感器的设计、制造、运行和维护水平的进步，对于提升电网的运维水平和抵御风险能力具有重要意义。

　　近些年来，互感器技术取得了巨大进步：特高压互感器的国产化、互感器现场检测与状态检修的日趋成熟、在线校准技术的兴起、标准化体系的不断完善、电子式互感器从试点走向应用等，都为互感器技术的进一步发展提供了广阔空间。从 IEC/TC 38（互感器技术委员会）编制的 IEC 61869 系列标准以及 SAC/TC 222（全国互感器标准化技术委员会）编制的 GB 20840 系列标准的架构体系可知：作为一、二次设备融合的"桥梁"，当前的互感器技术已成为电网运行、传统式互感器、电子式互感器、电网的智能化与数字化等多领域技术融合的先行者。

　　作为互感器专业的科研工作者，在做好技术研究与应用的同时，还肩负着传播专业知识的义务。作者曾接到过一位居民因住宅附近安装了一台 10kV 互感器而担心受到电磁辐射伤害的询问电话。数番问答之后，尽管从技术上给出了打消其疑虑的回答，但对该居民心理担忧的消除却实感力不从心。此事对作者触动很大，深感知识传播既是技术发展的源泉动力之一，也是电力行业承担社会责任的重要体现。结合当前我国的"一带一路"战略，以及工业 4.0、"互联网＋"等时代背景，作者认为，对专业知识的准确、简洁、高效表达将成为今后知识传承的主要手段之一。

本书就在这方面进行了尝试和探索：通过展示互感器术语的发展过程（定义来源、解析、历史沿革等条目）、剖析其定义内涵（解析条目）、给出必要的原理分析及实物图片（基本原理、实物图片等条目）、提示设备制造及运维过程中的注意事项（延伸条目）等手段，使读者在较短时间内获得互感器术语的全面必备知识，节省查阅资料及综合信息的时间；为初学者入门、相关专业工程师了解互感器、本专业工程师进行互感器技术研究提供便利。

在内容选择和编制方法上本书的考虑主要有：

（1）尽管电子式互感器近年来取得了长足进步，但考虑到其技术尚在发展之中，许多概念与传统式互感器尚存在差异，因此本书的内容仅在必要时涉及电子式互感器的相关知识，如 GB 20840.1—2010《互感器　第 1 部分：通用技术要求》中的术语以及直流互感器等。因此本书中的电流互感器就是指电磁式电流互感器。

（2）为了增强读者对部分术语的理解，特整理了部分案例的简介，编入本书附录中，供读者参考。

（3）部分实物图片中，标明了设备状态（如在运、制造中、待出厂等）。

（4）书中部分内容嵌入了二维码，读者通过扫描书中的二维码，可获得相对应术语的数字化补充信息。

大连第一互感器有限责任公司（集团）、辽宁新明互感器有限公司、特变电工康嘉（沈阳）互感器有限责任公司、桂林电力电容器有限责任公司、山东泰开互感器有限公司、日新电机（无锡）有限公司、日新（无锡）机电有限公司、GE公司电网解决方案事业部、南京南瑞继保电气有限公司、西安西电电力电容器有限责任公司、上海康阔光传感器技术股份有限公司为本书提供了部分实物图片，在此致以深深的谢意！

由于作者的水平有限，对互感器技术发展的动态掌握尚不全面，书中　漏之处在所难免，热盼业内专家及读者斧正（意见可反馈至 64447549@qq.com，作者统一收集整理）！

冯宇

2017 年 3 月

符 号 与 名 称

符号	名　称	符号	名　称
CVT	电容式电压互感器	d	油的密度
CT	电流互感器	α	油的体积膨胀系数
TA	电流互感器的图形符号	ΔT_m	最大油温变化范围
VT	电压互感器	V	膨胀节或膨胀盒的有效容积
TV	电压互感器的图形符号	F_{rel}	相对泄漏率
$\dot{\Phi}_0$	主磁通	I_{pr}	额定一次电流
k	实际变比	I_{sr}	额定二次电流
k_r	额定变比	I_{cth}	额定连续热电流
ε	比值差	I_{th}	额定短时热电流
U_v	额定连续热电流感应的电压	I_{dyn}	额定动稳定电流
$\Delta\varepsilon_v$	电压误差的最大变化量	I_{PL}	额定仪表限值一次电流
ε'_v	电压误差的综合绝对值	ALF	准确限值系数
$\Delta\varphi$	相位差	FS	仪表保安系数
δ_v	电压互感器的相位差	ε_c	复合误差
$\Delta\delta_v$	电压互感器相位差的最大变化量	I_p	一次电流方均根值
δ'_v	电压互感器相位差的综合绝对值	i_p	一次电流瞬时值
$\hat{\varepsilon}$	峰值瞬时误差	i_s	二次电流瞬时值
$\hat{\varepsilon}_{ac}$	峰值交流分量误差	T	一个周波的时间
F_V	额定电压因数	E_{FS}	测量用电流互感器二次极限电势
S_r	额定输出	R_b	额定电阻性负荷或额定负荷的电阻部分
F	机械载荷		
F_R	静态承受试验载荷	X_b	额定负荷的电抗部分
G	互感器内总油量	R_{ct}	二次绕组电阻

符号	名　称	符号	名　称
E_{ALF}	保护用电流互感器二次极限电势	Z_n	二次输入阻抗
I_e	励磁电流	K_{nc}	二次设备的阻抗换算系数
E_k	额定拐点电势	Z_l	连接线的单程阻抗
K_x	计算系数	K_{Lc}	连接线的阻抗换算系数
ε_t	匝数比误差	R_c	接触电阻
$i_{AC}(t)$	暂态一次短路电流的交流分量	T_s	二次回路时间常数
$i_{DC}(t)$	暂态一次短路电流的直流分量	K_{tf}	暂态系数
I_{psc}	额定一次短路电流	K_{td}	暂态面积系数
ω	工频角速度	E_{al}	额定等效极限二次电势
T_p	一次时间常数	F_c	结构系数
K_{ssc}	额定对称短路电流系数	U_{pr}	额定一次电压
i_ε	瞬时误差电流	U_{sr}	额定二次电压
$i_{\varepsilon ac}$	瞬时误差电流的交流分量	$\hat{\varepsilon}_F$	最大瞬时误差
$i_{\varepsilon dc}$	瞬时误差电流的直流分量	T_F	铁磁谐振振荡时间
$\hat{\varepsilon}$	峰值瞬时误差	U_p	一次电压（方均根值）
$\hat{i}_\varepsilon$	瞬时误差电流的峰值	$\hat{U}_s$	在时间 T_F 之后的二次电压（峰值）
$\hat{\varepsilon}_{ac}$	峰值交流分量误差	C_1	高压电容器（电容分压器的）
$\hat{i}_{\varepsilon ac}$	瞬时误差电流的交流分量峰值	C_2	中压电容器（电容分压器的）
t'	第一次故障持续时间	U_C	中间电压（电容分压器的）
t''	第二次故障持续时间	K_C	分压比（电容分压器的）
t'_{al}	第一次故障的准确限值规定时间	C_r	电容器的额定电容
t''_{al}	第二次故障的准确限值规定时间	f_r	额定频率
t_{fr}	故障重现时间（或无电流时间）	B_r	额定磁密
Ψ_{sat}	饱和磁通	S_T	铁心截面积
Ψ_r	剩磁通	T_C	电容变化率
K_R	剩磁系数	ΔC	在温度间隔 ΔT 内所测得的电容变化值
ρ	导线电阻率		
L	导线长度	$C_{20℃}$	20℃时测得的电容值

前言

符号与名称

互感器通用术语

1.1 互感器 instrument transformer

定义 旨在向测量仪器、仪表和保护或控制装置或者类似电器传送信息信号的变压器或装置。

【定义来源】 GB/T 2900.94—2015《电工术语 互感器》2.1 条。

解析 本定义涵盖了 GB 20840.1—2010《互感器 第 1 部分：通用技术要求》中的 3.1.1"互感器"的定义。

【历史沿革】

（1）GB 1207—2006《电磁式电压互感器》中的 3.3.1"互感器"的定义为"一种为测量仪器、仪表、继电器和其他类似电器供电的变压器"。此定义不涵盖电容式电压互感器（capacitor voltage transformer，CVT）和电子式互感器。CVT 是由电容分压器与电磁单元组成的，中间变压器仅是电磁单元的一部分。电子式互感器的工作原理多样，如光学互感器的传变原理就不是电磁感应的，且数字输出的电子式互感器只输出信号而不供电。

（2）DL/T 726—2000《电力用电压互感器订货技术条件》中的 3.1"互感器"的定义为"用以传递信息供给测量仪器、仪表、继电保护和控制装置的变换器"。该定义只强调了"传递信息"而没有指出某些互感器（如电磁式互感器、CVT）具有为二次设备供电的功能。

【延伸】

（1）互感器的各个二次绕组（包括备用绕组）均必须有可靠的（保护）接地，且应为一点接地。接地点位置由二次专业管理单位决定。

（2）互感器的所有接地端子应与设备底座可靠连接，接地引线截面应满足安装地点短路电流的要求，并应明敷，方便检测。

（3）互感器安装位置应在变电站过电压保护范围之内，以防止直击雷或侵入波对其造成损坏。

1.2 电流互感器 current transformer，CT

定义 在正常使用条件下，其二次电流与一次电流实质上成正比，且其相位差在连接方法正确时接近于零的互感器。

【定义来源】 GB/T 2900.94—2015《电工术语 互感器》2.2 条。

解析 本定义与 GB 20840.2—2014《互感器 第 2 部分：电流互感器的补充技术要求》的 3.1.201"电流互感器"的定义含义相同，仅文字上有差异。

【基本原理】

电流互感器的工作原理如图 1-1 所示。图中，P1 和 P2、S1 和 S2 分别为 CT 的一次端子和二次端子，$\dot{I}_1$ 和 $\dot{I}_2$ 分别为 CT 的一次电流和二次电流，$\dot{\Phi}_0$ 为主磁通，$Z_{2\Sigma}$ 表示负荷阻抗。

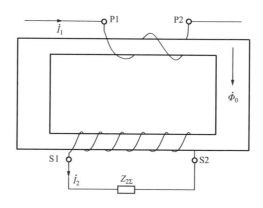

图 1-1 电流互感器的工作原理

当 $\dot{I}_1$ 流过匝数为 N_1 的一次绕组时，将建立一次磁势（又称一次安匝）$\dot{I}_1 N_1$。同理，$\dot{I}_2$ 与二次绕组匝数 N_2 的乘积构成二次磁势（又称二次安匝）$\dot{I}_2 N_2$。CT 的磁势平衡方程为：

$$\dot{I}_1 N_1 + \dot{I}_2 N_2 = \dot{I}_0 N_1 \tag{1-1}$$

式中 $\dot{I}_0$——励磁电流。

$\dot{I}_1 N_1$ 包括两部分：$\dot{I}_0 N_1$ 很小、用来励磁，称为励磁磁势（或励磁安匝），以产生 $\dot{\Phi}_0$；其余部分用来平衡 $\dot{I}_2 N_2$，与 $\dot{I}_2 N_2$ 大小相等且方向相反。

当忽略 $\dot{I}_0$ 时，式（1-1）可简化为：

$$\dot{I}_1 N_1 = -\dot{I}_2 N_2 \tag{1-2}$$

可见，二次电流与一次电流成正比关系。

$\dot{I}_0$ 的存在将使得 $\dot{I}_1$ 和 $-\dot{I}_2$ 之间产生相位差，但由于 $\dot{I}_0$ 数值较小，因此该相位差接近于零。

【符号或公式】 电流互感器的图形符号为 TA。

【实物图片】 若干代表性电流互感器的实物如图 1-2 所示。图 1-2（c）所示的 500kV 正立油浸式 CT 高度约 7m，额定变比为 $2 \times 1500/1$、准确级组合为 TPY/TPY/5P20/0.2S/TPY/TPY。

图 1-2　电流互感器实物图（一）

（a）正立油浸式 CT；（b）正立干式 CT；（c）500kV 正立油浸式 CT；
（d）35kV 支柱式 CT；（e）6～10kV 支柱式 CT；（f）6～10kV 母线式 CT

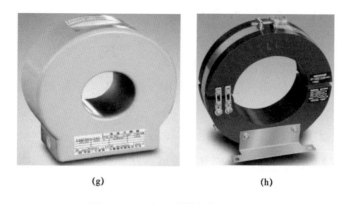

(g)   (h)

图 1-2 电流互感器实物图（二）

(g) 0.66kV 套管式 CT；(h) 零序 CT

【延伸】

（1）电流互感器应可靠接地，接地线应满足热稳定、明敷并便于检测的要求。

（2）电流互感器的二次侧禁止开路（未接入负荷的二次回路，应将二次侧短路接地），否则一次电流全部用于励磁，会造成铁心的急剧饱和，在二次侧感应出危及人身或设备安全的高电压，铁心产生较大剩磁增加互感器误差。因此，电流互感器二次回路不允许装设熔断器等短路保护设备。但如果二次绕组带有抽头，则不用的抽头均应开路，以防止形成短路匝。

（3）采用电容型主绝缘结构的电流互感器的末屏在运行中必须可靠接地（为适应检测介质损耗的需要，末屏引出端子应加强绝缘）。如果末屏开路，末屏对地就会形成一个等值电容，与主（电容）屏相串联。末屏对地电位就会由地电位上升为高电位，可能造成末屏对地放电并使绝缘油在电弧高温下裂解，最终引发事故。

（4）电流互感器常用的铁心材料有冷轧硅钢片、坡莫合金和超微晶合金。硅钢片既适用于保护级铁心，也适用于一般测量级铁心，性能稳定、成本较低。坡莫合金和超微晶合金具有初始导磁率高、饱和磁密低的特点，价格较高，宜用于测量准确度要求较高、仪表保安系数要求严格的测量级铁心，成本相对较高。为了消除由于剪切、卷绕甚至搬运过程所受机械力对铁心导磁性能的影响，铁心要进行退火处理（其工艺包括升温、保温和降温三个阶段）。

（5）电流互感器常用的铁心型式有叠片铁心、卷铁心（又称环形铁心）、开口铁心（又称带气隙铁心）等，如图 1-3 所示。叠片铁心呈口字形，主要在 35kV及以下半封闭的小电流互感器上使用。卷铁心性能理想，在全封闭的电流互感器中普遍采用，形状有圆环形、椭圆形和矩形等多种。开口铁心主要用在对暂态特性（剩磁）有要求的电流互感器中。《国家电网公司输变电工程通用设备 110（66）～750kV 智能变电站一次设备（2012 年版）》规定：对于 500kV 油浸倒立式和 SF$_6$ 倒立式电流互感器、330kV 油浸倒立式和额定短时热电流（作者注：原文为"短时热稳定电流"）为 63kA 的 SF$_6$ 倒立式电流互感器，铁心数不大于 9；对于 220kV 油浸（正立/倒立式）电流互感器和 SF$_6$ 倒立式电流互感器，铁心数不大于 7；对于 110kV 油浸（正立/倒立式）电流互感器、干式（正立）电流互感器和 SF$_6$ 倒立式电流互感器，铁心数不大于 5；对于 66kV 油浸（正立/倒立式）电流互感器和干式（正立）电流互感器，铁心数不大于 6；对于 35kV 油浸（正立/倒立式）电流互感器，铁心数不大于 4。

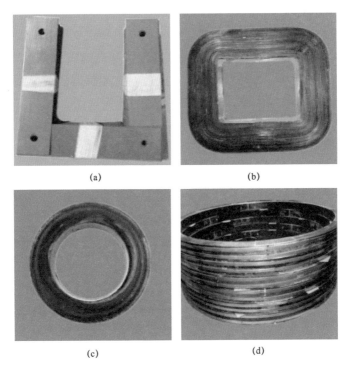

(a)   (b)

(c)   (d)

图 1-3　电流互感器的铁心型式

(a) 叠片铁心；(b) 卷铁心（方形）；(c) 卷铁心（圆形）；(d) 开口铁心

（6）环氧树脂浇注式电流互感器从结构上可分为半封闭（即半浇注）和全封闭（即全浇注）两种。前者只能用做户内型，将一、二次绕组及其引线和引线端子浇注成一个整体，再将这个浇注体与铁心（采用叠片铁心）、底座等组装在一起。后者可用做户内型或户外型，将一、二次绕组及其引线和铁心（采用环形铁心）等全部浇注成一个整体，再将浇注体与底座（或安装板）等组装在一起。

（7）110kV 及以上电流互感器主要采用电容型绝缘结构。其中正立式电流互感器常采用 U 形（一次）电容结构，主绝缘全部包扎在一次绕组上；倒立式电流互感器常采用吊环形（电容）结构，主绝缘全部包扎在二次绕组上。

（8）电流互感器的产品型号多以汉语拼音表示，如电流互感器——L，套管式（装入式）——R，母线型——M，倒立式——V，干式——G，气体——Q，带有保护级——B，支柱式——Z（出现的第一个 Z），浇注式——Z（出现的第二个 Z），加强型——J 等。

（9）额定安匝数是电流互感器设计的基本参数之一，可根据额定二次负荷、准确级、仪表保安系数、准确限值系数及选型要求等进行调整。当采用坡莫合金、超微晶合金作测量级铁心时，可适当降低选用额定安匝数的要求。一般高额定安匝数的电流互感器，其误差、仪表保安系数和准确限值系数均易满足要求，但设备所承受的电动力将增大。低额定安匝数电流互感器的情况则相反。单匝一次绕组的电流互感器结构简单，导线用量少，应优先选用。

（10）对于 U 形电容结构的电流互感器，为确保母差保护正常工作，宜将母差保护二次绕组紧靠一次母线侧安装，避免 U 形底部事故时扩大事故影响范围。近年来，许多制造商采用了全封闭结构，使得产品在运行过程中无水气进入油箱，U 形底部绝缘基本不变，从技术上消除了此类事故隐患。

（11）备用绕组需可靠短接并一点接地。

（12）通常，电流互感器的接线方式有四种：单台电流互感器接线、三相接线、两相不完全星形接线以及两相差电流接线。

1）单台电流互感器接线比较简单，适用于只需要测量某单一电流的情况（如某相电流、消弧线圈电流、主变压器的中性点电流以及非有效接地系统中的零序电流等）。

2）三相接线包括完全星形接线和三角形接线，能够及时准确了解三相负荷的变化情况，前者一般用于中性点有效接地系统的测量和保护回路，能反映任何一相或相间的电流变化；后者主要用于继电保护中的二次电流转角（如 Y/D 接变压器的差动保护）或滤除短路电流中的零序分量。但在微机保护中，也可以将各侧电流互感器的二次回路均接成星形，通过继电保护装置中的软件计算进行电流转角和电流的零序分量滤除。

3）两相不完全星形接线是根据三相电流矢量和为零的原理，用两相（通常为 A、C 相）电流推算出另一相（通常为 B 相）电流，一般用于中性点非有效接地系统的测量和保护回路，可反映各类相间故障，但不能完全反映接地故障。对于中性点非有效接地系统，这种接线不但节约了一相电流互感器，而且在同一母线的不同出线发生异名相接地短路时，能使同时跳开两条线路的几率下降 2/3。但要注意的是，同一母线上的电流互感器必须接在相同的相上，否则某些故障时不能动作。此外，两相不完全星形接线方式绝不允许 N 回路断开，特别是在安装电流互感器的两相发生相间短路故障时，二次电流几乎为零，不但保护拒动，还可能引起电流互感器爆炸。

4）两相差电流接线仅用于三相三线制电路中，这种接线的优点是节省了一相电流互感器，并且能够反映各种相间短路故障。

（13）在原理图上电流互感器的极性端一般用"＊"或"•"标记，我国均采用减极性标注，即一次绕组电流从极性端流入、二次绕组电流从对应的极性端流出。假设将电流互感器的二次回路断开，把保护装置直接串联在一次回路中，则流过保护装置的电流方向与电流互感器减极性标注的二次电流方向相同，所以减极性标注对于判断二次电流的流向非常直观。在电流互感器产品上均有符合 GB 20840.2—2014《互感器　第 2 部分：电流互感器的补充技术要求》中规定的一、二次端子标志。

1.3　电压互感器 voltage transformer，VT

定义　在正常使用条件下，其二次电压与一次电压实质上成正比，且其相位差在连接方法正确时接近于零的互感器。

【定义来源】　GB/T 2900.94—2015《电工术语　互感器》2.3 条（改写：增加了一个注）。

【注】　由三台或两台单相电压互感器可组成三相电压互感器。

解析　本定义与 GB 20840.3—2013《互感器　第 3 部分：电磁式电压互感器的补充技术要求》中的 3.1.301"电压互感器"和 GB 1207—2006《电磁式电压互感器》中的 3.1.2"电压互感器"的定义含义相同，仅文字上有差异。

【历史沿革】　本定义涵盖了 DL/T 726—2000《电力用电压互感器订货技术

条件》中 3.2"电压互感器"的定义。

【符号或公式】 电压互感器的图形符号为 TV。

【延伸】

(1) 电压互感器二次侧严禁短路，否则二次电流将很大，会烧坏电压互感器。

(2) 为了防止一次侧传递过电压至二次侧或二次侧有悬浮电压，电压互感器二次绕组及剩余电压绕组必须有一点接地。三相电压互感器二次绕组的接地点一般选择在中性点或二次回路 B 相，具体位置选择应按有关规程规定进行。

(3) 在中性点非有效接地系统中用作单相接地监视用的电压互感器，其一次中性点应接地。即由三只单相电压互感器组成星形接线时，其一次侧中性点必须接地（属于工作接地）。因为当系统中发生单相接地时，会出现零序电流，如果一次侧中性点没有接地，则一次侧就没有零序电流通路，剩余电压绕组中也就不会感应出零序电压，零序保护就可能拒动。为防止谐振过电压，可在一次中性点加装可变阻容装置或第四只单相电压互感器后再末端接地。

(4) 为了便于设备检修，在故障时可及时切除设备，电压互感器一次侧应经隔离开关接入电网，对于 35kV 及以下的电磁式电压互感器应有高压熔断器。高压熔断器应按母线额定电压及短路容量选择，熔丝电流（一般不大于 0.5A）不得随意加大，否则失去保护作用。

(5) 110（66）kV 及以上的电压互感器二次回路，除剩余电压绕组和另有专业规定者外，应装设自动开关或熔断器，以作为二次侧过负荷或故障的保护。由剩余电压绕组组成的开口三角不装设熔断器是因为正常运行时其两端无电压，无法监视熔断器的完好性，熔断器根本无法起到保护作用，相反若装设的熔断器损坏而又没被发现，则在发生接地故障时，零序电压无法供给保护装置。此外，中性线上也不装熔断器，以防止熔丝一旦熔断或接触不良，造成断线闭锁失灵。

(6) 电压互感器应与变电站主接地网可靠连接，以防地电位升高而损坏二次回路绝缘。

(7) 通常，电压互感器的接线方式有三种：单相接线、V/V 接线和 YN/yn/d0 接线。单相接线用来测量某相对地电压或相间电压。V/V 接线广泛用于中性点非有效接地系统，可以节省一台电压互感器，满足三相有功、无功电能计量的要求，但不能用于测量相对地电压，不能用于系统绝缘监察。V/V 接线的一次侧是不允许接地的，因为这相当于将系统的一相直接接地。YN/yn/d0 接线广泛应用于 3～220kV 系统中，能够测量相间电压和相对地电压，剩余电压绕组接成开口三角形，供接入交流电网的绝缘监察装置和继电保护装置使用。

（8）当需要将二次侧的三相电压及剩余电压同时引至保护装置时，不能将由端子箱引出的三相电压二次回路中的 N 线与剩余电压二次回路中的零线 N′合用做一根，而应该分别引至控制室并接地。否则，剩余电压二次回路中的电流将在公用 N 线上产生压降，可能导致零序方向保护不正确动作。

（9）电压互感器的消谐方式有一次消谐和二次消谐两种。

（10）DL/T 866—2015《电流互感器和电压互感器选择及计算规程》的11.2.3 规定"110（66）kV 及以上系统宜采用单相式电压互感器。35kV 及以下系统可采用单相式、三柱或五柱式三相电压互感器"。

1.4　三相电压互感器 three-phase voltage transformers

【定义】　供三相系统使用并形成一体的电压互感器。

【定义来源】　JB/T 10433—2015《三相电压互感器》3.1 条。

【实物图片】　GIS 用 110kV 三相电磁式电压互感器的实物如图 1-4 所示，配电网用三相电磁式电压互感器的实物如图 1-5 所示。

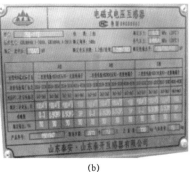

(a)　　　　　　　　　　(b)

图 1-4　GIS 用 110kV 三相电磁式电压互感器实物图
(a) 外观；(b) 铭牌

图 1-5　配电网用三相
电磁式电压互感器实物图

【延伸】

（1）GIS 用三相电磁式电压互感器多用于 110（66）kV 等级，独立式三相电压互感器多用于中性点非有效接地系统中。

（2）DL/T 866—2015《电流互感器和电压互感器选择及计算规程》的

11.2.3 规定"采用星型接线的三相三柱式电压互感器一次侧中性点不应接地，三相五柱式电压互感器一次侧中性点可接地"。

1.5 组合互感器 combined instrument transformer

定义　由电流互感器和电压互感器组合成一体的互感器。

【**定义来源**】　GB/T 2900.94—2015《电工术语　互感器》2.4 条、GB 20840.4—2015《互感器　第4部分：组合互感器的补充技术要求》3.1.401 条。

【**实物图片**】　组合互感器的实物如图 1-6 所示。图 1-6（a）为 220kV 的组合互感器，其外观与倒立式电流互感器类似，但瓷套较粗，底座上有一个电流端子接线盒与一个电压端子接线盒。

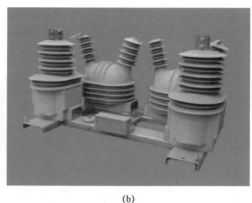

（a）　　　　　　　　　　　　　　　　（b）

图 1-6　组合互感器实物图

（a）220kV 产品；（b）35kV 产品

【**延伸**】

（1）组合互感器具有占有空间小、综合价格低、安装方便等优点，尤其适用于农村电网户外变电站和高压用户计量和保护用。

（2）组合互感器中的电流互感器与电压互感器的技术要求和误差限值应分别达到各自相应专业技术标准的要求。

（3）组合互感器对温升的考核比较严格。

（4）对组合互感器中的电流互感器和电压互感器均须建立"相互影响"的概念。即要考核其在运行状态下，电流互感器对电压互感器的影响和电压互感器对电流互感器误差的影响，且均不能超过其准确级相应的误差限值。

（5）浇注式组合互感器常用在较低的电压等级下。该结构把电压互感器和电流互感器组成的器身包封在环氧树脂内。随着额定电压的提高，这种结构的质量、体积以及造价都有增加，制造工艺也变得复杂，因此在高电压等级下一般不被采用。

（6）一种常用的高压组合互感器的结构型式为：将倒立式电流互感器置于组合互感器的头部，将具有闭合铁心的单级电磁式电压互感器置于组合互感器底部的一个单独金属封闭壳中。电流互感器与电压互感器具有独立的电容引线绝缘，前者绝缘中的电位是从上至下逐渐降低的，而后者绝缘中的电位是从下至上逐渐升高的。为了将这两个绝缘置于同一个瓷套中并保证绝缘的可靠性，必须考虑两绝缘中等电位在空间布置上的合理性，这就对产品制造工艺提出了较高的要求。同时，这种结构所用瓷套的直径较大。当电压等级较高时，这种产品制作困难。

（7）图 1-6（a）所示的组合互感器由 1 台倒立式电流互感器和 1 台开磁路电压互感器组合而成，从结构上克服了（5）中所述不足：电流互感器的铁心和二次绕组位于上部的铸铝储油柜中，两者之间靠油纸绝缘。开磁路电压互感器采用了垂直放置在瓷套内的棒状铁心，铁心（或绕在铁心外部的二次绕组）与瓷套或一次绕组之间的绝缘是电流互感器引线部分的电容型绝缘，电压一次绕组位于绝缘外部即这种组合产品的电压互感器与电流互感器共用了同一个主绝缘，是真正意义上的组合。这种结构产品的电压等级目前可以做到 500kV。

（8）SF_6 气体绝缘组合互感器的常用结构是将电流互感器和电压互感器放在组合互感器的头部，电压互感器可以置于倒立式电流互感器的上部或下部。这种结构用在较低电压等级时，继承了独立式 SF_6 气体绝缘电流互感器和电压互感器的所有优缺点；用在较高电压等级时，由于头部尺寸增大，使得设备整体体积变大且重心较高，导致稳定性变差，抗机械力的能力减弱。

1.6 三相组合互感器 three-phase combined instrument transformers

定义 由三相电压互感器和三台单相（或两台单相）电流互感器组合并形成一体的供三相电力系统三相电能计量、测量用的互感器。

【定义来源】 DL/T 1268—2013《三相组合互感器使用技术规范》3.1 条。

【历史沿革】 JB/T 10432—2004《三相组合互感器》中的 3 "三相组合互感器"的定义为"由三相电压互感器和三台单相（或两台单相）电流互感器组合并

形成一体的供三相电力系统使用的互感器"。

【原理图】 三相组合互感器的原理接线如图 1-7 所示。图中，用 A、B 和 C 表示电压互感器一次绕组接线端子，相应二次绕组接线端子为 a、b 和 c，n 为中性点端子；用 AP1、AP2，BP1、BP2 和 CP1、CP2 分别表示电流互感器一次绕组 A、B 和 C 相接线端子，相应二次绕组接线端子为 as1、as2，bs1、bs2 和 cs1、cs2。

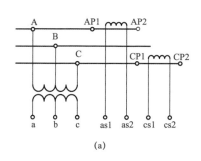 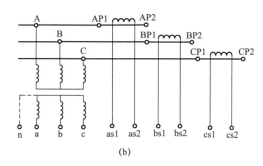

图 1-7　三相组合互感器原理接线图

（a）由 V 联结电压互感器和三相（两相）电流互感器组成的三相组合互感器；

（b）由 Y 联结电压互感器和三相（两相）电流互感器组成的三相组合互感器

【实物图片】 三相组合互感器的实物模型如图 1-8 所示。

图 1-8　三相组合互感器实物模型图

（a）由 V 联结电压互感器和三相电流互感器组成的三相组合互感器；

（b）由 Y 联结电压互感器和三相电流互感器组成的三相组合互感器

【延伸】

（1）三相组合互感器的温升试验需对其同时施加规定的三相电流和三相电压，其温升值不应超过电流互感器和电压互感器的国家标准所规定的温升限值。

（2）三相组合互感器的误差测定需采用额定频率且三相对称的试验电源，对其同时施加规定的三相电流和三相电压，电流互感器的误差和电压互感器的误差均不应超过其相应准确级规定的限值。

（3）如不具备上述误差测定的试验条件，则可按 DL/T 1268—2013《三相组合互感器使用技术规范》的 7.3.11 规定的方法进行。

1.7 直流互感器 direct current instrument transformer

定义　用以将直流系统中有关信息传递给测量仪器、仪表和保护或控制装置的互感器。

【定义来源】　GB/T 2900.94—2015《电工术语　互感器》2.6 条。

解析

（1）GB/T 26216.1—2010《高压直流输电系统直流电流测量装置　第 1 部分：电子式直流电流测量装置》中的 3.1 "直流电流测量装置 DC current measuring device"的定义为"提供与一次回路直流电流相对应的信号的装置，供给测量仪器、仪表和保护或控制设备"。GB/T 26216.2—2010《高压直流输电系统直流电流测量装置　第 2 部分：电磁式直流电流测量装置》中的 3.1 "直流电流测量装置 DC current measuring device"的定义为"提供与一次直流电流相对应的信号的装置，供给测量仪器、仪表和保护或控制设备"。

（2）GB/T 26216.1—2010《高压直流输电系统直流电流测量装置　第 1 部分：电子式直流电流测量装置》中的 3.2 "电子式直流电流测量装置 electronic DC current measuring device"的定义为"一种直流电流测量装置，由连接到传输系统和二次转换器的一个或多个电流传感器组成，用以传输正比于被测量的量，在通常使用条件下，其二次转换器的输出正比于一次回路直流电流"。同时，3.2 条规定：电子式直流电流测量装置组成原理示意图如图 1-9 所示，图中列出的所有部件并非皆为电流测量装置必不可缺的。

（3）GB/T 26216.1—2010《高压直流输电系统直流电流测量装置　第 1 部分：电子式直流电流测量装置》中的 3.6 "一次电流传感器 primary current sensor"的定义为"一种电气、电子、光学或其他的装置，产生与一次端子通过电流相对应的信号，直接或经过一次转换器传送给二次转换器"。同时，3.6 指出"通常为分流器和/或罗果夫斯基（Rogovski）线圈"。

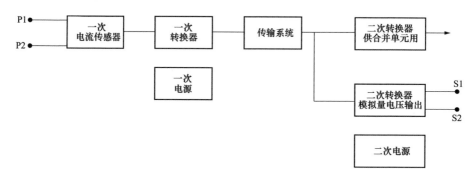

图 1-9 电子式直流电流测量装置组成原理示意图

（4）GB/T 26216.2—2010《高压直流输电系统直流电流测量装置 第 2 部分：电磁式直流电流测量装置》中的 3.2 "电磁式直流电流测量装置 electromagnetic DC current measuring device" 的定义为 "一次传感器利用电磁感应原理提供与一次直流电流相对应的信号，且该信号通过电缆直接送到自身电子设备的直流电流测量装置"。电磁式直流电流测量装置组成原理示意图如图 1-10 所示。电磁式直流电流测量装置包含零磁通式直流电流测量装置、磁饱和式直流电流测量装置等类型。

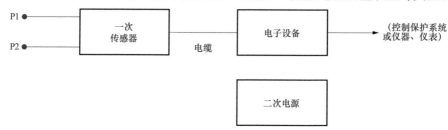

图 1-10 电磁式直流电流测量装置组成原理示意图

（5）GB/T 26217—2010《高压直流输电系统直流电压测量装置》中的 3.2 "直流电压测量装置 DC voltage measuring device" 的定义为 "提供与一次回路直流电压相对应的信号的装置，供给测量仪器、仪表和保护或控制设备"。

（6）GB/T 26217—2010《高压直流输电系统直流电压测量装置》的附录 A 给出了直流电压测量装置典型结构图，如图 1-11 所示。

【基本原理】

（1）全光纤电子式直流电流测量装置的工作原理如图 1-12（a）所示。由光源发出的光经过保偏光纤耦合器后由光纤起偏器起偏变成线偏振光，恰在保偏光纤的光轴上的光能保持这种偏振状态，然后经过一个45°熔接进入第二段保偏光纤，因此，在这段光纤两个光轴上的电场矢量的分量相等。这两个分量成为两个

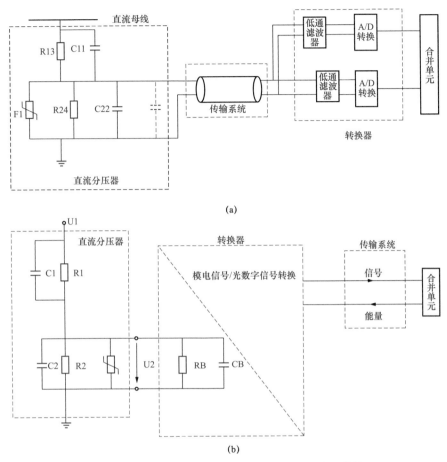

图 1-11　现有直流工程用直流电压测量装置典型结构

（a）典型结构之一；（b）典型结构之二

分别在两个光轴上互相垂直（X 轴和 Y 轴）的线偏振光，分别沿保偏光纤的 X 轴和 Y 轴传输。这两个正交模式的线偏振光在光纤相位调制器处受到相位调制，而后经过 λ/4 波片，分别转变为左旋和右旋的圆偏振光，并进入传感光纤。由于被测电流会产生磁场及在传感光纤中的法拉第磁光效应，这两束圆偏振光的相位会发生变化，并以不同的速度传输，在反射膜端面处反射后，两束圆偏振光的偏振模式互换（即左旋光变为右旋光，右旋光变为左旋光），然后再次穿过传感光纤，使法拉第效应产生的相位加倍。在两束光再次通过 λ/4 波片后，恢复成为线偏振光，并且原来沿保偏光纤 X 轴传播的光变为沿保偏光纤 Y 轴传播，原来沿保偏光纤 Y 轴传播的光变为沿保偏光纤 X 轴传播。分别沿保偏光纤 X 轴、Y 轴传播的光在光纤偏振器处发生干涉。通过测量相干的两束偏振光的非互易性相位差，就可以间接地测量出导线中的电流值。

（2）零磁通式直流电流测量装置的工作原理如图 1-12（b）所示，其可在毫安至千安级的测量范围内保持测量准确度，具有很高的稳定性和大的信噪比，时间响应快，动态性能良好。其基本原理基于完全的磁势平衡，环形铁心带有三个绕组。第一个绕组流过一次直流电流，建立一个磁通势。第二个绕组连接一个放大器输出端作为高增益的积分器，流过其中的电流所产生的磁势与第一个绕组产生的磁势相抵消。第三个绕组非常灵敏，铁心中任何的磁势不平衡都将产生磁通的变化，在该绕组中产生感应电压来调节第二个绕组中的输入电流，使磁势重新达到平衡。

（3）有源电子式直流电流测量装置的工作原理如图 1-12（c）所示，主要由高压侧传感器（即分流器）、高压侧信号处理电路、光纤绝缘子组件、低压侧信号处理单元和光供电组件（含低压侧激光器及高压侧光电转换组件）等几部分组成。分流器将被测一次电流转换为电压信号并送高压侧信号处理电路进行处理，经放大及模/数变换后，以数字光信号形式通过光纤绝缘子传至低压侧信号处理单元，这样就实现了对一次直流电流的测量。光纤绝缘子一方面起到了高低压绝缘作用，另一方面传输光信号。高压侧信号处理电路的工作电源由低压侧激光器提供，激光器发射的激光经光纤传送至高压侧光电转换组件，光电转换组件将光能转换为电能后给高压侧信号处理电路提供工作电源。

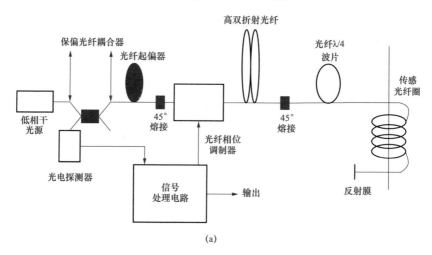

(a)

图 1-12　电流测量装置工作原理图（一）

（a）全光纤电子式直流电流测量装置（Sagnac 反射结构）

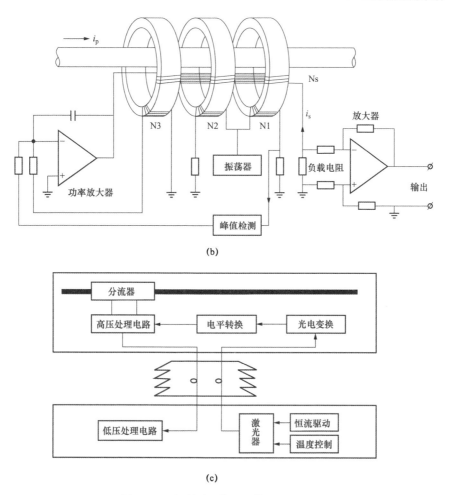

图 1-12 电流测量装置工作原理图（二）

（b）零磁通式直流电流测量装置；（c）有源电子式直流电流测量装置

（4）直流电压测量装置基于阻容分压原理，由位于直流场的直流分压器、信号传输系统和在控制室内的信号采集装置组成。直流分压器由高压臂和低压臂两端串联而成。以图 1-11（a）为例，高压臂为电阻 R13 和电容器 C11 的并联回路，低压臂为避雷器 F1、电阻 R24、电容器 C22 的并联回路。信号传输系统可分为电缆传输（模拟电压量经电缆传输后接入分压板或放大器转换后进入控制保护系统）和光电传输（模拟电压量通过远端模块转化为光信号，经光纤传输后接入控制室内的接口单元）两类。

【实物图片】 直流互感器实物如图 1-13 所示。

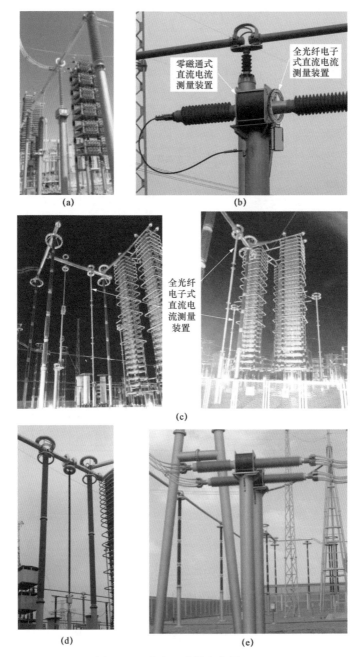

图 1-13　直流互感器实物图（一）

（a）±800kV 灵州站中的全光纤电子式直流电流测量装置；（b）±500kV 伊敏站中的全光纤电子式
直流电流测量装置；（c）±800kV 同里站中的全光纤电子式直流电流测量装置；（d）±800kV 金华站
的有源型电子式直流电流测量装置；（e）±800kV 同里站中的零磁通式直流电流测量装置

(f)　　　　　　　　　　　　　　　　(g)

图 1-13　直流互感器实物图（二）

（f）±800kV 向上工程的直流电压测量装置；（g）±800kV 绍兴站的直流电压测量装置

【延伸】

根据《高压直流输电岗位培训教材　互感器、滤波器及避雷器设备》（国网运行公司　组编，中国电力出版社，2009 年），零磁通式直流电流测量装置均安装于中性母线处，用于测量中性母线各处直流电流。阀厅里中性母线上的零磁通式直流电流测量装置安装在中性母线的穿墙套管中；直流场中性母线上的零磁通式直流电流测量装置是作为独立装置安装在中性母线上。光学原理的电子式直流电流测量装置安装于直流场和阀厅，分别用于测量直流线路电流和极母线电流。书中指出，直流电压测量装置用于换流站内控制保护系统的直流电压测量，安装在直流极母线以及阀厅内中性母线处。书中统计了其范围内直流互感器的使用情况，见表 1-1 和表 1-2。

表 1-1　　　　　　　　　　　直流电流测量装置使用情况统计

序号	型号	额定电流（A）	类型	厂家	使用位置
1	OSKF G 10	3000	油浸式	RITZ	鹅城站极中性线
2	OSKF G 10	50	油浸式	RITZ	鹅城站极中性线
3	LGSOE 6130	3000	干式	RITZ	鹅城站阀厅
4	EMVI 711 EZ	3000	干式	RITZ	鹅城站双极中性线
5	EMVI 711 EZ	50	干式	RITZ	鹅城站双极中性线
6	GSWF 45	100	干式	ABB	鹅城站直流滤波场
7	GSWF 10	4000	干式	ABB	鹅城站极中性线

续表

序号	型号	额定电流（A）	类型	厂家	使用位置
8	COCT 4000	30	光 CT	ABB	鹅城站直流滤波场 不平衡光 CT
9	COCT 1.5	0.4	光 CT	ABB	鹅城站直流滤波场
10	COCT/X-OIB	3000	光 CT	ABB	鹅城站直流母线、华新
11	EMVI 711 EZ	3000	干式	RITZ	政平直流中性母线
12	COCT-OIB	3000（50Hz）	光 CT	ABB	政平站直流极母线
13	COCT-01B	3000	光 CT	ABB	华新
14	LGSOE 6130	3000	干式	ABB	华新
15	DOCT 4000	800	光 CT	ABB	华新、政平
16	DOCT 1.5	2.0	光 CT	ABB	华新、政平
17	GSWF 20	400	干式	ABB	华新
18	OSKFG72.5	1200	油浸式	RITZ	南桥站极中性线
19	OSKFG145	20	油浸式	RITZ	南桥站直流滤波场
20	20SK-245	1200	油浸式	RITZ	南桥站阀厅穿墙套管 CT
21	OSKFG500	1200	油浸式	RITZ	南桥站直流母线
22	OSKFG500	1200	油浸式	RITZ	南桥、葛洲坝
23	OSKFG72	1200	油浸式	RITZ	葛洲坝
24	OSKFG145	20（50Hz）	油浸式	RITZ	葛洲坝
25	OSKFG52	40（50Hz）	油浸式	RITZ	葛洲坝
26	LB9-220W	20（50Hz）	油浸式	澧陵电磁厂	葛洲坝
27	DOCT 4000	100	光 CT	ABB	宜都站直流滤波器场
28	DOCT 1.5	2	光 CT	ABB	宜都站直流滤波器场
29	OSKF123	400	干式	RITZ	宜都站直流滤波器场
30	COCT/X	3000	干式	ABB	宜都站极母线区
31	OSKF G 72	3000	干式	RITZ	宜都站极中性母线区 龙泉站直流中性线
32	EMVI 711 EZ	50	干式	RITZ	宜都站双极公共区 T11
33	EMVI 711 EZ	3000	干式	RITZ	宜都站双极公共区 T12~T14
34	COCT	3000	光 CT	ABB	宜都站阀厅
35	LGSOE 6130	3000	干式	RITZ	江陵站、龙泉站阀厅
36	EMVI 711 EZ	50	干式	RITZ	江陵站双极直流场

续表

序号	型号	额定电流（A）	类型	厂家	使用位置
37	OSKF G72	3000	干式	RITZ	江陵站双极直流场
38	OSKF123	150/100/4000	油浸式	RITZ	龙泉站直流滤波器场
39	GSWF10	4000	干式	ABB	龙泉站直流中性线
40	DOCT1.5	2	光 CT	ABB	龙泉站直流滤波器场
41	DOCT 4000	400	光 CT	ABB	龙泉站直流滤波器场
42	COCT 515	1600	光 CT	ABB	龙泉站直流极母线
43	LGSOE. 6130	3000	零磁通（干式）	Ritz Messwandler Hambury	灵宝

表 1-2　　　　　　　　直流电压测量装置使用情况统计

序号	型号	电压等级（kV）	类型	厂家	使用位置
1	HVR-FC	500	油浸式	ABB	鹅城站极母线、政平站
2	HVR-OO	3	干式	ABB	鹅城站阀厅内中性母线、政平站
3	HVR-FC	500	油浸式	ABB	政平站极母线
4	HVR-OO	3	干式	ABB	政平站阀厅内中性母线
5	RC500	500	油浸式	HAEFELY	南桥站极 1、极 2 母线区域
6	RC20	50	油浸式	HAEFELY	南桥站极 1、极 2 中性区域
7	HVR-GC	500	油浸式	ABB	华新
8	RC550	500	油浸式	BBC	葛洲坝
9	RC20	20	油浸式	BBC	葛洲坝
10	电阻性和电容性	500	油浸式	ABB	龙泉
11	电阻性和电容性	10	油浸式	ABB	龙泉
12	HVR-FC	500	直流分压器	SCHNIEWINDT	宜都站极母线区 江陵站直流出线区域
13	HVR-GC	10	直流分压器	SCHNIEWINDT	宜都站阀厅 江陵站双极阀厅区域
14	HVR-GC	120	SF_6	ABB	灵宝

1.8 准确级 accuracy class

定义 对互感器所给定的误差等级，表示它在规定使用条件下的比值差和相位差应保持在规定的限值以内。

【定义来源】 GB/T 2900.94—2015《电工术语 互感器》2.7 条。

解析

（1）本定义涵盖了 GB 20840.1—2010《互感器 第 1 部分：通用技术要求》中的 3.4.5"准确级"的定义。

（2）GB 20840.2—2014《互感器 第 2 部分：电流互感器的补充技术要求》的 5.6.201.1 规定"测量用电流互感器的准确级是以该准确级在额定一次电流和额定负荷下最大允许比值差（ε）的百分数来标称的"。5.6.201.2 规定"测量用电流互感器的标准准确级为：0.1、0.2、0.5、1、3 和 5。特殊用途的测量用电流互感器的标准准确级为：0.2S 和 0.5S"。

（3）GB 20840.2—2014《互感器 第 2 部分：电流互感器的补充技术要求》的 5.6.202.1 从保护用电流互感器的特征角度将准确级划分为：满足稳态对称短路电流下的复合误差要求的 P 级和 PR 级、指定励磁特性的 PX 级和 PXR 级、满足非对称短路电流下的暂态误差要求的 TPX 级、TPY 级和 TPZ 级。

（4）GB 20840.2—2014《互感器 第 2 部分：电流互感器的补充技术要求》的 5.6.202.2.2 规定"保护用电流互感器的准确级是以最大允许复合误差的百分数来标称的，其后标以字母 P（表示保护）和 ALF（作者注：准确限值系数）值"。5.6.202.2.3 规定"保护用电流互感器的标准准确级为：5P 和 10P"。

（5）GB 20840.2—2014《互感器 第 2 部分：电流互感器的补充技术要求》的 5.6.202.3.2 规定"低剩磁保护用电流互感器的准确级是以最大允许复合误差百分数来标称的，其后标以字母 PR（表示保护和低剩磁）和 ALF（作者注：准确限值系数）值"。5.6.202.3.3 规定"低剩磁保护用电流互感器的标准准确级为：5PR 和 10PR"。

（6）GB 20840.3—2013《互感器 第 3 部分：电磁式电压互感器的补充技术要求》中的 5.6.301.1 规定"测量用电压互感器的准确级，是以该准确级在额定电压和额定负荷下所规定的最大允许电压误差百分数来标称的"。5.6.301.2 规定

"测量用单相电压互感器的标准准确级为：0.1、0.2、0.5、1.0、3.0"。5.6.301.3 规定"对于二次绕组带有抽头的电压互感器，如无另行规定，则其准确级的要求指的是最大变比"。

（7）根据 GB 20840.3—2013《互感器　第 3 部分：电磁式电压互感器的补充技术要求》的 5.6.302，所有作保护用的电压互感器，除剩余电压绕组外，均应规定其测量准确级。此外，还应具有用于保护的一个准确级。保护用电压互感器的准确级，是以该准确级自 5％额定电压到与额定电压因数相对应电压的范围内的最大允许电压误差百分数来标称的。其后标以字母 P。保护用电压互感器的标准准确级为 3P 和 6P，在 5％额定电压及与额定电压因数相对应电压下，两者的电压误差和相位差的限值通常相同。在 2％额定电压下的误差限值为 5％额定电压下误差限值的两倍。剩余电压绕组的准确级应为 6P 或更好（如果作特殊用途使用时，则可由制造方与用户协商选定；如果仅作阻尼用时，则可以不标出其准确级）。

（8）GB 20840.4—2015《互感器　第 4 部分：组合互感器的补充技术要求》的 5.401.1 规定"测量用组合互感器的误差限值，应符合 GB 20840.2—2014 中 5.6.201 对测量用电流互感器的要求和 GB 20840.3—2013 中 5.6.301 对测量用电压互感器的要求。保护用组合互感器的误差限值，应符合 GB 20840.2—2014 中 5.6.202 对保护用电流互感器的要求和 GB 20840.3—2013 中 5.6.302 对保护用电压互感器的要求"。

（9）GB 20840.4—2015《互感器　第 4 部分：组合互感器的补充技术要求》的 5.401.2 规定"当电流互感器在 5％额定电流和额定连续热电流之间运行时，电压互感器在规定的负荷范围及在 80％～120％额定电压之间，其电压误差和相位差不应超过其准确级相应的限值。当电压互感器在 80％额定电压和额定电压因数倍的额定电压之间运行时，电流互感器在规定的负荷范围及其准确度要求的电流范围内，其电流误差和相位差不应超过其准确级相应的限值"。

（10）GB/T 20840.5—2013《互感器　第 5 部分：电容式电压互感器的补充技术要求》的 5.6.501.1 规定"对于测量用电容式电压互感器，其准确级是以该准确级在额定电压和额定负荷下所规定的最大允许电压误差百分数来标称的"。5.6.501.2 规定"单相测量用电容式电压互感器的标准准确级为：0.2、0.5、1.0、3.0"。5.6.501.3 规定"对于二次绕组带有抽头的电容式电压互感器，如无另行规定，则其准确级的要求指的是最大变比"。

（11）根据 GB/T 20840.5—2013《互感器　第 5 部分：电容式电压互感器的补充技术要求》的 5.6.502，保护用电容式电压互感器的准确级，是以该准确级自 5％额定电压至额定电压因数所对应电压范围内所规定的最大允许电压误差百分数来标称的，其后标以字母 P。标准准确级为 3P 和 6P。剩余电压绕组的准确级应为 3P 或 6P。

【历史沿革】　本定义涵盖了 GB 1207—2006《电磁式电压互感器》中的 3.1.15"准确级"的定义。

1.9　实际变比 actual transformation ratio

定义　实际一次电压或电流与实际二次电压或电流之比。

【定义来源】　GB/T 2900.94—2015《电工术语　互感器》2.8 条。

【注】　变比在电流互感器上又可称为电流比，在电压互感器上又可称为电压比。

解析　本定义涵盖了 GB 20840.1—2010《互感器　第 1 部分：通用技术要求》中的 3.4.1"实际变比"的定义，但 3.4.1 中有表示"实际变比"的符号 k。

【符号或公式】　k

1.10　额定变比 rated transformation ratio

定义　额定一次电压或电流与额定二次电压或电流之比。

【定义来源】　GB/T 2900.94—2015《电工术语　互感器》2.9 条、GB 20840.1—2010《互感器　第 1 部分：通用技术要求》中 3.4.2 条（符号来自该术语）。

【符号或公式】　k_r

【延伸】

《国家电网公司输变电工程通用设备 110（66）～750kV 智能变电站一次设备（2012 年版）》中电流互感器的额定变比见表 1-3，电压互感器的额定变比见表 1-4。

表 1-3　　　　　　　　　电流互感器的额定变比和额定短时热电流

电压等级 （kV）	额定变比 （额定电流比）	额定短时热电流 （kA）	绝缘介质	结构型式
500	(2×2000、2×1500、 2×1250) /1	63	油浸式	倒立式
			SF₆气体	
330	(2×2000、2×1000、 2×800、2×600) /1	50	油浸式	倒立式
			SF₆气体	
		63	油浸式	
			SF₆气体	
220	(2×2000、2×1250、 2×800、2×600) /1 (5)	40	油浸式	正立/倒立式
		50		
		63		
		40	SF₆气体	倒立式
		50		
		63		
110	(2×1250、2×800、 2×600、2×300) /1 (5)	31.5	油浸式	正立/倒立式
			干式	正立式
			SF₆气体	倒立式
		40	油浸式	正立/倒立式
			干式	正立式
			SF₆气体	倒立式
66	(4000、2×1000、1000、2× 400、100) /1、2×600/5	31.5	油浸式	正立/倒立式
			干式	正立式
35	(4000、2000、1600、 800、100) /1	25	油浸式	倒立/正立式
		31.5		
		40		

表 1-4　　　　　　　　　电压互感器的额定变比

额定电压 （kV）	额定一、二次电压 （kV）	额定变比（额定电压比） （kV）	结构型式
750	$750/\sqrt{3}$，主二次绕组 $0.1/$ $\sqrt{3}$、剩余电压绕组 0.1	$\dfrac{750}{\sqrt{3}}/\dfrac{0.1}{\sqrt{3}}/\dfrac{0.1}{\sqrt{3}}/\dfrac{0.1}{\sqrt{3}}/0.1$	电容式
500	$500/\sqrt{3}$，主二次绕组 $0.1/$ $\sqrt{3}$、剩余电压绕组 0.1	$\dfrac{500}{\sqrt{3}}/\dfrac{0.1}{\sqrt{3}}/\dfrac{0.1}{\sqrt{3}}/\dfrac{0.1}{\sqrt{3}}/0.1$	电容式

续表

额定电压 （kV）	额定一、二次电压 （kV）	额定变比（额定电压比） （kV）	结构型式
330	$330/\sqrt{3}$，主二次绕组 0.1/ $\sqrt{3}$、剩余电压绕组 0.1	$\dfrac{330}{\sqrt{3}}/\dfrac{0.1}{\sqrt{3}}/\dfrac{0.1}{\sqrt{3}}/\dfrac{0.1}{\sqrt{3}}/0.1$	电容式
220	$220/\sqrt{3}$，主二次绕组 0.1/ $\sqrt{3}$、剩余电压绕组 0.1	$\dfrac{220}{\sqrt{3}}/\dfrac{0.1}{\sqrt{3}}/\dfrac{0.1}{\sqrt{3}}/\dfrac{0.1}{\sqrt{3}}$（750/500kV 变电站母线、出线），$\dfrac{220}{\sqrt{3}}/\dfrac{0.1}{\sqrt{3}}/\dfrac{0.1}{\sqrt{3}}/\dfrac{0.1}{\sqrt{3}}/0.1$（220kV 变电站母线），$\dfrac{220}{\sqrt{3}}/\dfrac{0.1}{\sqrt{3}}/0.1$（220kV 变电站出线）	电容式
110	$110/\sqrt{3}$，主二次绕组 0.1/ $\sqrt{3}$、剩余电压绕组 0.1	$\dfrac{110}{\sqrt{3}}/\dfrac{0.1}{\sqrt{3}}/\dfrac{0.1}{\sqrt{3}}/\dfrac{0.1}{\sqrt{3}}/0.1$（母线），$\dfrac{110}{\sqrt{3}}/\dfrac{0.1}{\sqrt{3}}$（线路）	电容式
66	$66/\sqrt{3}$，主二次绕组 0.1/ $\sqrt{3}$、剩余电压绕组 0.1/3	$\dfrac{66}{\sqrt{3}}/\dfrac{0.1}{\sqrt{3}}/\dfrac{0.1}{\sqrt{3}}/\dfrac{0.1}{\sqrt{3}}/\dfrac{0.1}{3}$（母线），$\dfrac{66}{\sqrt{3}}/\dfrac{0.1}{\sqrt{3}}$（线路外侧）	电磁式
			电容式
35	$35/\sqrt{3}$，主二次绕组 0.1/ $\sqrt{3}$、剩余电压绕组 0.1/3	母线型：$\dfrac{35}{\sqrt{3}}/\dfrac{0.1}{\sqrt{3}}/\dfrac{0.1}{\sqrt{3}}/\dfrac{0.1}{3}$，线路型：$\dfrac{35}{\sqrt{3}}/\dfrac{0.1}{\sqrt{3}}/\dfrac{0.1}{3}$，相间型：35/0.1/0.1	电磁式
		母线型：$\dfrac{35}{\sqrt{3}}/\dfrac{0.1}{\sqrt{3}}/\dfrac{0.1}{\sqrt{3}}/\dfrac{0.1}{3}$，线路型：$\dfrac{35}{\sqrt{3}}/\dfrac{0.1}{\sqrt{3}}/\dfrac{0.1}{3}$	电容式

1.11 比值差 ratio error

定义 互感器在测量中由于实际变比与额定变比不相等所引入的误差。

【定义来源】 GB/T 2900.94—2015《电工术语　互感器》2.10 条、GB 20840.1—2010《互感器　第 1 部分：通用技术要求》3.4.3 条、GB 20840.2—2014

《互感器 第 2 部分：电流互感器的补充技术要求》3.4.3 条、GB 20840.3—2013《互感器 第 3 部分：电磁式电压互感器的补充技术要求》3.4.3 条、GB/T 20840.5—2013《互感器 第 5 部分：电容式电压互感器的补充技术要求》3.4.3 条（综合改写）。

【注】

（1）比值差简称为比差，在电流互感器上又称为电流误差，在电压互感器上又称为电压误差。

（2）电流误差用百分数表示为：

$$\varepsilon = \frac{k_r I_s - I_p}{I_p} \times 100\% \tag{1-3}$$

式中 ε——电流误差，%；

　　k_r——额定变比；

　　I_p——实际一次电流；

　　I_s——在测量条件下流过 I_p 时的实际二次电流。

（3）电压误差用百分数表示为：

$$\varepsilon = \frac{k_r U_s - U_p}{U_p} \times 100\% \tag{1-4}$$

式中 ε——电压误差，%；

　　k_r——额定变比；

　　U_p——实际一次电压；

　　U_s——在测量条件下，施加 U_p 时的实际二次电压。

（4）GB 20840.5—2013《互感器 第 5 部分：电容式电压互感器的补充技术要求》的 3.4.3 指出，此稳态条件的定义仅涉及一次和二次电压的额定频率分量，不包括直流电压分量和剩余电压。对电容式电压互感器而言，比值差也称为电压误差 ε。其百分数见式（1-4）。

解析

根据 GB 20840.4—2015《互感器 第 4 部分：组合互感器的补充技术要求》：

（1）3.1.402 "电压互感器的电压误差（voltage error of voltage transformer）ε_v"定义为"电压互感器在电流互感器未通电流时确定的比值差"。

（2）3.1.404 "额定连续热电流感应的电压（voltage induced by rated continuous thermal current）U_v"定义为"电流互感器的额定连续热电流在电压互感器中感应的电压，定义为电压误差最大变化量的度量"。

（3）3.1.405"电压误差的最大变化量（greatest variation of voltage error）$\Delta\varepsilon_v$"定义为"由电流互感器额定连续热电流感应电压造成的电压互感器比值差可能的最大变化量"。

（4）3.1.407"电压误差的综合绝对值（absolute value of the variations of voltage error）ε_v'"定义为"电压互感器的比值差与规定电压下的电压误差最大变化量，两者绝对值之和"。

（5）3.1.410"电流互感器的电流误差（current error of current transformer）ε_i"定义为"电流互感器在电压互感器未励磁时确定的比值差"。

（6）3.1.412"电流互感器中电容电流产生的电压（voltage generated in the current transformer by capacitive current）U_i"定义为"电压互感器上施加电压生成电容电流在电流互感器中产生的电压，定义为电流误差最大变化量的度量"。

（7）3.1.413"电流误差的最大变化量（greatest variation of current error）$\Delta\varepsilon_i$"定义为"由电容电流在电流互感器中产生电压造成的电流互感器比值差可能的最大变化量"。

（8）3.1.415"电流误差的综合绝对值（absolute value of the variations of current error）ε_i'"定义为"电流互感器的比值差与规定电流下的电流误差最大变化量，两者绝对值之和"。

【符号或公式】 ε

【延伸】

（1）GB 20840.2—2014《互感器 第2部分：电流互感器的补充技术要求》的5.6.201.3和5.6.201.4规定了测量用电流互感器的比值差和相位差限值。

1）对于0.1级、0.2级、0.5级和1级，在二次负荷为额定负荷的25%～100%任一值时，其额定频率下的比值差和相位差不应超过表1-5所列限值。

表1-5　　　　测量用电流互感器的比值差和相位差限值（0.1级～1级）

准确级	下列额定电流百分数下的比值差±（%）				下列额定电流百分数下的相位差							
					±（′）				±（crad）			
	5	20	100	120	5	20	100	120	5	20	100	120
0.1	0.4	0.2	0.1	0.1	15	8	5	5	0.45	0.24	0.15	0.15
0.2	0.75	0.35	0.2	0.2	30	15	10	10	0.9	0.45	0.3	0.3
0.5	1.5	0.75	0.5	0.5	90	45	30	30	2.7	1.35	0.9	0.9
1.0	3.0	1.5	1.0	1.0	180	90	60	60	5.4	2.7	1.8	1.8

2）对于 0.2S 级和 0.5S 级，在二次负荷为额定负荷的 25％～100％任一值时，其额定频率下的比值差和相位差不应超过表 1-6 所列限值。

表 1-6　　　　　　特殊用途的测量用电流互感器的比值差和
相位差限值（0.2S 级和 0.5S 级）

准确级	下列额定电流百分数下的比值差±（％）					下列额定电流百分数下的相位差									
						±（′）					±（crad）				
	1	5	20	100	120	1	5	20	100	120	1	5	20	100	120
0.2S	0.75	0.35	0.2	0.2	0.2	30	15	10	10	10	0.9	0.45	0.3	0.3	0.3
0.5S	1.5	0.75	0.5	0.5	0.5	90	45	30	30	30	2.7	1.35	0.9	0.9	0.9

3）对于 3 级和 5 级，在二次负荷为额定负荷的 50％～100％任一值时，其额定频率下的比值差不应超过表 1-7 所列限值。对 3 级和 5 级的相位差限值不予规定。

表 1-7　　　　　测量用电流互感器的比值差限值（3 级和 5 级）

准确级	下列额定电流百分数下的比值差±（％）	
	50	120
3	3	3
5	5	5

4）对所有的准确级，负荷的功率因数均应为 0.8（滞后），当负荷小于 5VA 时，应采用功率因数为 1.0，且最低值为 1VA。

5）通常，当任何位置的外部导体与互感器的空气距离不小于设备最高电压 U_m 所要求的空气绝缘间距时，规定的比值差和相位差限值皆有效。

6）对额定输出最大不超过 15VA 的测量级，可以规定扩大负荷范围。当二次负荷范围扩大为 1VA 至 100％额定输出时，比值差和相位差不应超过表 1-5～表 1-7 所列相应准确级的限值。在整个负荷范围，功率因数应为 1.0。

（2）GB 20840.2—2014《互感器　第 2 部分：电流互感器的补充技术要求》的 5.6.202.2.4 和 5.6.202.3.4 规定了 P 级和 PR 级保护用电流互感器的误差限值。在额定频率和连接额定负荷时，其比值差、相位差和复合误差不应超过表 1-8 所列限值。负荷的功率因数应为 0.8（滞后），当负荷小于 5VA 时应采用功率因数为 1.0。

表 1-8 P 级和 PR 级保护用电流互感器的误差限值

准确级	额定一次电流下的比值差±（%）	额定一次电流下的相位差		额定准确限值一次电流下的复合误差（%）
		±（'）	±（crad）	
5P 和 5PR	1	60	1.8	5
10P 和 10PR	3	—	—	10

（3）GB 20840.2—2014《互感器 第 2 部分：电流互感器的补充技术要求》的 5.6.202.5.1 规定了 TPX、TPY 和 TPZ 级电流互感器的误差限值。电流互感器连接额定电阻性负荷时，其比值差和相位差不应超过表 1-9 所列限值。电流互感器连接额定电阻性负荷时，在规定的工作循环（或对应于规定暂态面积系数 K_{td} 的工作循环）下，其峰值瞬时误差 $\hat{\varepsilon}$（对 TPX 和 TPY 级）或峰值交流分量误差 $\hat{\varepsilon}_{ac}$（对 TPZ 级）不应超过表 1-9 所列限值。

表 1-9 TPX、TPY 和 TPZ 级电流互感器的误差限值

准确级	在额定一次电流下			在规定的工作循环条件下的暂态误差（%）
	比值差±（%）	相位差		
		±（'）	±（crad）	
TPX	0.5	30	0.9	$\hat{\varepsilon}=10$
TPY	1.0	60	1.8	$\hat{\varepsilon}=10$
TPZ	1.0	180±18	5.3±0.6	$\hat{\varepsilon}_{ac}=10$

注 1. 在某些情况下，对于 TPZ 级铁心，相位差绝对值可能不如减小批量产品中对平均值的偏离更重要。

2. 对于 TPY 级铁心，在适当值的 E_{al}（作者注：额定等效极限二次电势）未超过磁化曲线线性段的条件下，下列公式可以采用：

$$\hat{\varepsilon}=\frac{K_{td}}{2\pi f_r \times T_s}\times 100\%$$

式中 f_r——额定频率；

T_s——二次回路时间常数。

3. 对于大电流互感器，应注意返回导体及邻相导体对互感器误差的影响。

（4）GB 20840.3—2013《互感器 第 3 部分：电磁式电压互感器的补充技术要求》的 5.6.301.3 规定了测量用电磁式电压互感器的电压误差和相位差限值。

1）在 80%～120% 额定电压的任一电压下，其额定频率下的电压误差和相位差不应超过表 1-10 所列值，且负荷如下：

（a）对于功率因数为 1 的负荷系列 I，为 0VA 到 100% 额定负荷之间的任一值。

（b）对于功率因数为 0.8（滞后）的负荷系列Ⅱ，为 25%～100% 额定负荷的任一值。

2）误差应在电压互感器端子处测定，并应包括作为电压互感器整体中一部分的熔断器或电阻器的影响。

表 1-10　　　　　测量用电磁式电压互感器的电压误差和相位差限值

准确级	电压误差（比值差）±（%）	相位差	
		±（′）	±（crad）
0.1	0.1	5	0.15
0.2	0.2	10	0.3
0.5	0.5	20	0.6
1.0	1.0	40	1.2
3.0	3.0	不规定	不规定

注　1. 对于有两个独立二次绕组的电压互感器，应考虑两个二次绕组间的相互影响。有必要规定每个绕组试验时的输出范围，且在非被试绕组带有 0 至额定负荷的任意值下，每个被试绕组在规定的输出范围内均应满足准确级的要求。

　　2. 如果未规定输出范围，则每个绕组试验时的输出范围"对于功率因数为 1 的负荷系列Ⅰ，为 0VA 到 100% 额定负荷之间的任一值。"或"对于功率因数为 0.8（滞后）的负荷系列Ⅱ，为 25%～100% 额定负荷的任一值"。

　　3. 如果某一绕组只有偶然的短时负荷，或仅作为剩余电压绕组使用时，则它对其余绕组的影响可以忽略不计。

（5）GB 20840.3—2013《互感器　第 3 部分：电磁式电压互感器的补充技术要求》的 5.6.302.3 规定了保护用电磁式电压互感器的电压误差和相位差限值。

1）在 5% 额定电压和额定电压乘以额定电压因数（1.2、1.5 或 1.9）的电压下，其额定频率下的电压误差和相位差不应超过表 1-11 所列值，且负荷如下：

（a）对于功率因数为 1 的负荷系列Ⅰ，为 0VA 到 100% 额定负荷之间的任一值。

（b）对于功率因数为 0.8（滞后）的负荷系列Ⅱ，为 25%～100% 额定负荷的任一值。

2）在 2% 额定电压下，其电压误差和相位差限值为表 1-11 所列值的两倍。

表 1-11　　　　　保护用电磁式电压互感器的电压误差和相位差限值

准确级	电压误差（比值差）±（%）	相位差	
		±（′）	±（crad）
3P	3.0	120	3.5

续表

准确级	电压误差（比值差）±（%）	相位差	
		±（'）	±（crad）
6P	6.0	240	7.0

注 1. 当订购的电压互感器具有两个单独的二次绕组时，因为它们的相互影响，用户宜规定两个输出范围，每个绕组一个，各输出范围的上限值应符合标准的额定输出值。每个绕组应在其输出范围内满足各自准确级的要求，同时另一绕组具有 0 到 100％输出范围上限值之间的任一输出值。为证明是否符合此要求，只需在各极限值下进行试验。

2. 如果未规定输出范围，则每个绕组试验时的输出范围"对于功率因数为 1 的负荷系列 I，为 0VA 到 100％额定负荷之间的任一值。"或"对于功率因数为 0.8（滞后）的负荷系列 II，为 25％～100％额定负荷的任一值"。

（6）GB/T 20840.5—2013《互感器 第 5 部分：电容式电压互感器的补充技术要求》的 5.6.501.3 规定了测量用电容式电压互感器的电压误差和相位差限值。

1）当温度和频率在其参考范围内的任一值下，负荷为系列 I 负荷的 0～100％额定值或系列 II 负荷的 25％～100％额定值时，相应准确级的电压误差和相位差不应超过表1-12所列值。误差应在电容式电压互感器的端子上测定，并应包含若是电容式电压互感器组成部分的任何熔断器或电阻的影响。

表 1-12 测量用电容式电压互感器的电压误差和相位差限值

准确级	电压误差（比值差）±（%）	相位差	
		±（'）	±（crad）
0.2	0.2	10	0.3
0.5	0.5	20	0.6
1.0	1.0	40	1.2
3.0	3.0	不规定	不规定

2）对于具有多个二次绕组的电容式电压互感器，如果某一个绕组只有偶然的短时负荷或仅作为剩余电压绕组使用时，则它对其余绕组的影响可以忽略不计。

（7）GB/T 20840.5—2013《互感器 第 5 部分：电容式电压互感器的补充技术要求》的 5.6.502.3 规定了保护用电容式电压互感器的电压误差和相位差限值。

1）在 2％和 5％额定电压和额定电压乘以额定电压因数（1.2、1.5 或 1.9）的电压下，当温度和频率在其参考范围内的任一值下，负荷为系列 I 负荷的0～100％额定值或系列 II 负荷的 25％～100％额定值时，相应准确级的电压误差和相位差不应超过表 1-13 所列值。

表 1-13　　　　　保护用电容式电压互感器的电压误差和相位差的限值

保护用准确级	在额定电压百分数下的电压误差（比值差）±（%）				在额定电压百分数下的相位差							
					±（′）				±（crad）			
	2	5	100	X	2	5	100	X	2	5	100	X
3P	6.0	3.0	3.0	3.0	240	120	120	120	7.0	3.5	3.5	3.5
6P	12.0	6.0	6.0	6.0	480	240	240	240	14.0	7.0	7.0	7.0

注　X——$F_v \times 100$（额定电压因数乘以 100）。

2）若电容式电压互感器在 5% 额定电压下与在上限电压（即额定电压因数 1.2、1.5、1.9 对应的电压）下的误差限值不相同，则宜经制造方与用户协商同意。

（8）JJG 1021—2007《电力互感器》的 4.2 规定了表 1-14 所示的检定条件。

表 1-14　　　　　　　　检　定　条　件

环境温度[①]	相对湿度	电源频率	二次负荷[②]	电源波形畸变系数	环境电磁场干扰强度	外绝缘
−25～55℃	≤95%	50±0.5Hz	额定负荷～下限负荷	≤5%	不大于正常工作接线所产生的电磁场	清洁、干燥

① 当电力互感器技术条件规定的环境温度与 −25～55℃ 范围不一致时，以技术条件规定的环境温度为参比环境温度。

② 除非用户有要求，二次额定电流 5A 的电流互感器，下限负荷按 3.75VA 选取；二次额定电流 1A 的电流互感器，下限负荷按 1VA 选取。电压互感器的下限负荷按 2.5VA 选取，电压互感器有多个二次绕组时，下限负荷分配给被检二次绕组，其他二次绕组空载。

1.12　相位差 phase displacement

定义　一次电压相量或电流相量与二次电压相量或电流相量的相位之差，相量方向是按理想互感器的相位差为零来选定的。

【定义来源】　GB/T 2900.94—2015《电工术语　互感器》2.11 条，GB 20840.1—2010《互感器　第 1 部分：通用技术要求》3.4.4 条（符号和后两条注来自该术语）。

【注】

（1）若二次电压相量或电流相量超前一次电压相量或电流相量，则相位差为正值。它通常用分或厘弧表示。

（2）此定义仅在电压或电流为正弦波时正确。

（3）电子式互感器可能由于数字数据传输和数字信号处理而引入延迟时间。

解析

根据 GB 20840.4—2015《互感器　第 4 部分：组合互感器的补充技术要求》：

（1）3.1.403"电压互感器的相位差（phase displacement of voltage transformer）δ_v"定义为"电压互感器在电流互感器未通电流时确定的相位差"。

（2）3.1.406"电压互感器相位差的最大变化量（greatest variation of phase displacement）$\Delta\delta_v$"定义为"由电流互感器额定连续热电流感应电压造成的电压互感器相位差可能的最大变化量"。

（3）3.1.408"电压互感器相位差的综合绝对值（absolute value of the variations of phase displacement of voltage transformer）δ_v'"定义为"电压互感器的相位差与规定电压下的相位差最大变化量，两者绝对值之和"。

（4）3.1.411"电流互感器的相位差（phase displacement of current transformer）δ_i"定义为"电流互感器在电压互感器未励磁时确定的相位差"。

（5）3.1.414"电流互感器相位差的最大变化量（greatest variation of phase displacement）$\Delta\delta_i$"定义为"由电容电流在电流互感器中产生电压造成的电流互感器相位差可能的最大变化量"。

（6）3.1.416"电流互感器相位差的综合绝对值（absolute value of the variations of phase displacement of current transformer）δ_i'"定义为"电流互感器的相位差与规定电流下的相位差最大变化量，两者绝对值之和"。

【历史沿革】　本定义涵盖了 DL/T 866—2004《电流互感器和电压互感器选择及计算导则》中 3.2.1.4"相位差"的定义。

【符号或公式】　$\Delta\varphi$

1.13　负荷 burden

定义　二次电路的阻抗（或导纳），用欧姆（或西门子）以及功率因数表示。

【定义来源】　GB/T 2900.94—2015《电工术语　互感器》2.12 条、GB 20840.1—2010《互感器　第 1 部分：通用技术要求》3.4.6 条。

【注】 负荷通常以视在功率伏安值来表示，它是在规定功率因数及额定二次电压或二次电流下所汲取的。

【历史沿革】

(1) 本定义涵盖了 GB 1207—2006《电磁式电压互感器》中的 3.1.16 "负荷"、GB/T 4703—2007《电容式电压互感器》中的 3.1.13 "负荷"、DL/T 726—2000《电力用电压互感器订货技术条件》中的 3.20 "负荷"的定义。

(2) DL/T 866—2004《电流互感器和电压互感器选择及计算导则》中的 3.2.1.6 "负荷"的定义为 "电压互感器二次回路所涉取的视在功率，用伏安值表示。确定电压互感器准确级所依据的负荷值为额定负荷"。

【延伸】

(1) 2009 年，承接国家电网公司生产技术部的委托，中国电力科学研究院开展了 220～500kV（含 330kV）变电站互感器二次绕组实际容量情况的抽查工作：从北京、山西、浙江、福建、湖北、江西、四川、辽宁、陕西共九个省电力公司各随机选取一个 500kV（或 330kV）变电站和一个 220kV 变电站，现场测试全站 500kV（330kV）、220kV 及 110kV 所有互感器二次负荷参数，统计变电站及互感器二次设备相关信息。抽查工作涉及 500kV 电流互感器 150 多台、电压互感器 110 多台，330kV 电流互感器 66 台、电压互感器 60 台，220kV 电流互感器 310 多台、电压互感器 130 多台，110kV 电流互感器 260 多台、电压互感器 70 多台。现场实测结果表明：变电站中电压互感器二次绕组额定容量通常在 50～150VA 之间，而实测二次负荷在 15VA 以内；电流互感器二次绕组额定容量通常在 10～50VA 之间（额定二次电流 1A），而其实际二次负荷基本在 5VA 以内；电压、电流互感器二次绕组绝大部分运行在 25%额定负载以下；电压互感器绕组数不超过 4 个、电流互感器的绕组数量不超过 9 个。以 500kV 和 220kV 互感器为例，图 1-14 给出了其额定负荷与实际负荷的统计结果曲线。其中，纵坐标表示某个负荷在绕组总数中所占的比例。

(2)《国家电网公司输变电工程通用设备 110（66）～750kV 智能变电站一次设备（2012 年版）》对 500kV 和 330kV 电容式电压互感器二次负荷的要求为 "二次负荷一般为 10～30VA，也可根据实际负荷需要选择"，对 220kV 电容式电压互感器二次负荷的要求为 "二次负荷可根据工程实际选择"。

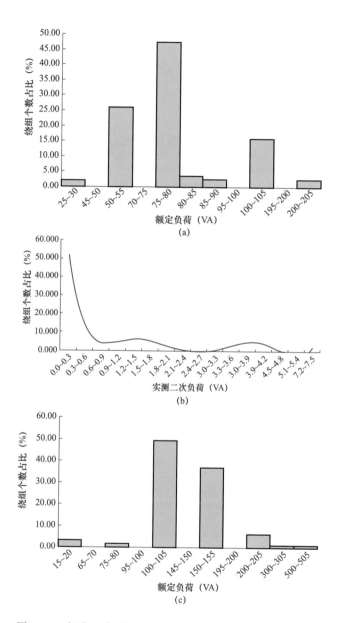

图 1-14　部分互感器额定负荷与实际负荷的统计结果（一）

（a）500kV 电压互感器额定负荷；（b）500kV 电压互感器二次绕组实测负荷；

（c）220kV 电压互感器额定负荷

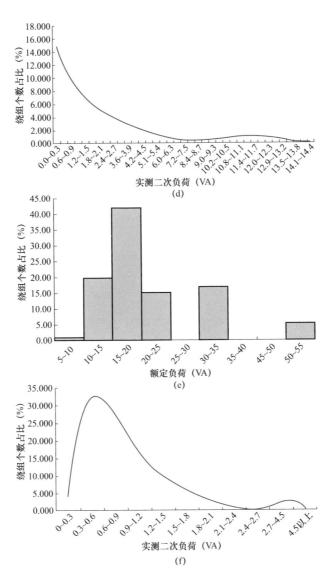

图 1-14　部分互感器额定负荷与实际负荷的统计结果（二）

（d）220kV 电压互感器二次绕组实测负荷；（e）500kV 电流互感器额定负荷；

（f）500kV 电流互感器二次绕组实测负荷

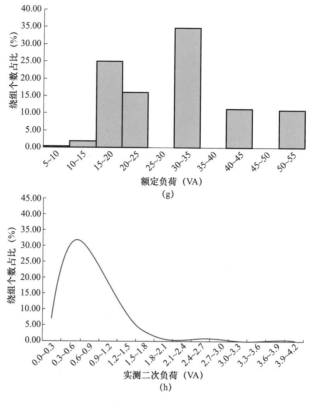

图 1-14　部分互感器额定负荷与实际负荷的统计结果（三）

（g）220kV 电流互感器额定负荷；（h）220kV 电流互感器二次绕组实测负荷

（3）目前特高压电容式电压互感器的二次绕组额定负荷通常选择 10VA 或 15VA。

（4）根据 2010 年初的统计数据，电力系统常用微机测控和保护装置的交流电压、电流回路的功率损耗见表 1-15。从表 1-15 中可以看出，二次设备功率消耗的最大值为：交流电流回路最大为 0.5VA/相（$I_n = 1A$），交流电压回路最大为 0.5VA/相（额定电压下）。而进一步的样机和现场测试结果表明：交流电流回路的实测损耗一般都比上述最大值小一半以上。

表 1-15　电力系统常用微机测控和保护装置的交流电压、电流回路的功率损耗

测控和保护装置	交流电压回路的功率损耗	交流电流回路的功率损耗
四方 CSC-326 变压器保护装置	额定电压下≤0.3VA/相	≤0.3VA/相（$I_n = 5A$）， ≤0.1VA/相（$I_n = 1A$）

测控和保护装置	交流电压回路的功率损耗	交流电流回路的功率损耗
四方 CSI-200 测量控制装置	额定电压下≤0.2VA/相	<0.8VA/相（I_n=5A）， ≤0.2VA/相（I_n=1A）
四方 CSC-101 线路保护装置	额定电压下≤0.3VA/相	≤0.3VA/相（I_n=5A）， 0.1VA/相（I_n=1A）
四方 CSC-150 母线保护装置	额定电压下≤0.3VA/相	≤0.3VA/相（I_n=5A）， ≤0.1VA/相（I_n=1A）
国电南自 PST-1200 系列数字式变压器保护装置	≤0.5VA/相	≤0.5VA/相
深圳南瑞 BP-2 型 微机母线成套保护装置	≤0.5VA/相	≤0.5VA/相
南瑞继保 RCS-931 系列超高压线路成套保护装置	<0.5VA/相	<1VA/相（I_n=5A）， <0.5VA/相（I_n=1A）
南瑞继保 RCS-915 型 微机母线保护装置	<0.5VA/相	<1VA/相（I_n=5A）， <0.5VA/相（I_n=1A）
南瑞继保 RCS-9000 系列变压器保护装置	<0.5VA/相	<1VA/相（I_n=5A）， <0.5VA/相（（I_n=1A）
典型故障录波装置	<0.5VA/相	<0.5VA/相（I_n=5A）， <0.2VA/相（I_n=1A）
南自电网公司 ND300 数字式电网电能计量装置	额定电压时，每相≤0.3VA	≤0.5VA/相（I_n=5A）， ≤0.3VA/相（I_n=1A）

（5）近年来国内的大量现场调研结果表明：大部分变电站中电压互感器的实际二次负荷甚至都小于 3VA；电流互感器的实际二次负荷基本在 3VA 以内（额定二次电流为 1A 的电流互感器的实际二次负荷更小，一般都小于 1VA）；35kV 及以下电压等级的电流互感器、电压互感器的二次绕组数一般不超过 3 个。

1.14　额定负荷 rated burden

定义　互感器准确级要求所依据的负荷值。

【定义来源】　GB/T 2900.94—2015《电工术语　互感器》2.13 条。

解析　本定义涵盖了 GB 20840.1—2010《互感器　第 1 部分：通用技术要求》中的 3.4.7 "额定负荷" 的定义。

【历史沿革】　本定义涵盖了 DL/T 726—2000《电力用电压互感器订货技术

条件》中的 3.21 "额定负荷"的定义。

1.15 额定输出 rated output

定义 在额定二次电压或二次电流下及接有额定负荷时，互感器所供给二次电路的视在功率值（在规定功率因数下的伏安数）。

【定义来源】 GB/T 2900.94—2015《电工术语　互感器》2.14 条、GB 20840.1—2010《互感器　第 1 部分：通用技术要求》3.4.8 条（符号来自该术语）。

【历史沿革】

本定义涵盖了 GB 1207—2006《电磁式电压互感器》中的 3.1.18.1 "额定输出"、GB/T 4703—2007《电容式电压互感器》中的 3.1.15 "额定输出"、DL/T 726—2000《电力用电压互感器订货技术条件》中的 3.22 "额定输出"的定义。

【符号或公式】 S_r

【延伸】

（1）GB 20840.2—2014《互感器　第 2 部分：电流互感器的补充技术要求》的 5.5.201 规定了电流互感器的额定输出值。

1）不超过 30VA 的各测量级、P 级和 PR 级的额定输出的标准值为 2.5、5.0、10、15、20、25VA 和 30VA。超过 30VA 的数值可以按用途选择。

2）对于给定的一台互感器，如果它的额定输出之一是标准值并符合一个标准的准确级，则其余的额定输出可以规定为非标准值，但要求符合另一个标准的准确级。

（2）DL/T 866—2015《电流互感器和电压互感器选择及计算规程》的 3.3.2 给出了额定输出值的选择原则，规定"测量级、P 级和 PR 级额定输出值以伏安表示。额定二次电流 1A 时，额定输出标准值宜采用 0.5、1、1.5、2.5、5、7.5、10、15VA。额定二次电流 5A 时，额定输出标准值宜采用 2.5、5、10、15、20、25、30、40、50VA"。

（3）GB 20840.3—2013《互感器　第 3 部分：电磁式电压互感器的补充技术要求》的 5.5.301 和 5.5.303 规定了电磁式电压互感器的额定输出值和剩余电压绕组的额定输出。

1）以伏安表示的功率因数为 1.0 的额定输出标准值为 <u>1.0</u>、1.5、<u>2.5</u>、3.0、

5.0、7.5、10VA（负荷系列Ⅰ）。以伏安表示的功率因数为 0.8（滞后）的额定输出标准值为10、15、20、25、30、40、50、75、100VA（负荷系列Ⅱ）。其中有下标横线的数值为优先值（作者注：GB 20840.3—2013《互感器　第 3 部分：电磁式电压互感器的补充技术要求》的 7.2.6 中的"准确度试验的负荷范围"就选择了这些优先值）。

2）三相电压互感器的额定输出应是指每相的额定输出。

3）对于给定的一台互感器，只要其额定输出之一是标准值并满足一个标准的准确级，则允许其余的额定输出可以规定为非标准值，但要求满足另一个标准的准确级。

4）拟与同类绕组联结成开口三角形以产生剩余电压的绕组，其额定输出应以伏安表示，并在 1）的规定值中选取。

（4）GB/T 20840.5—2013《互感器　第 5 部分：电容式电压互感器的补充技术要求》的 5.5.501 和 5.5.503 规定了电容式电压互感器的额定输出值和剩余电压绕组的额定输出。

1）功率因数为 1.0 的额定输出标准值，以伏安表示为 1.0、2.5、5.0、10kV（负荷系列Ⅰ）。对此，准确度要求是规定在 0～100％ 额定负荷下。功率因数为 0.8（滞后）的额定输出标准值，以伏安表示为 10、25、50VA（负荷系列Ⅱ）。对此，准确度要求是规定在 25％～100％ 额定负荷下。（作者注：GB/T 20840.5—2013《互感器　第 5 部分：电容式电压互感器的补充技术要求》的 7.2.6 中的"准确度试验的负荷范围"就选择了该负荷系列Ⅰ和负荷系列Ⅱ）。

2）对于给定的一台互感器，只要其额定输出之一为标准值并满足一个标准的准确级，则允许其余的额定输出可以规定为非标准值，但要求满足另一个标准的准确级。

3）拟与同类绕组联结成开口三角形以产生剩余电压的绕组，其额定输出应以伏安表示，并应在 1）的规定值中选取。

（5）互感器的额定输出与准确级有关，同一台互感器可以有不同的额定输出、对应于不同的准确级，在铭牌上应予标明。在使用时，如果二次负荷超过了该准确级对应的容量范围，则实际准确级将达不到铭牌规定的等级。

（6）部分测量用互感器，只规定了在下限负荷时需满足一定的准确级要求，而没有规定其额定负荷范围。在这种情况下，如果将额定负荷设定得太大（如超出下限负荷 4 倍以上），则会使互感器尺寸过大，造成参数浪费的同时，也增大了互感器的生产难度及成本。因此在规定下限负荷准确级要求的同时，应规定其额定负荷范围（其值宜为 4 倍下限负荷）。

1.16 绕组 winding

定义 构成互感器某一功能相对应电气线路的一组线匝，为装有端子的导电部件。

【**定义来源**】 GB/T 2900.94—2015《电工术语 互感器》2.15 条。

【**实物图片**】 配电网互感器的铁心和绕组如图 1-15 所示。

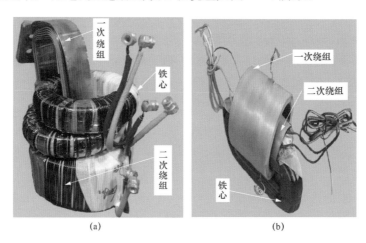

图 1-15 配电网互感器的铁心和绕组（生产过程中）

（a）电流互感器；（b）电压互感器

1.17 线段 section

定义 互感器某些绕组的构成部分，线段装有端子并相互绝缘。

【**定义来源**】 GB/T 2900.94—2015《电工术语 互感器》2.16 条。

解析 GB 20840.1—2010《互感器 第 1 部分：通用技术要求》中的 3.1.6 "线段"的定义为"互感器的导电部件，它与其他类似件绝缘并装有端子"。

【**延伸**】 正立式电流互感器的一次绕组大多由能够并联或串联的两个线段组成，可得到两个电流比，如图 2-3（a）所示。

1.18 一次绕组 primary winding

GIS 型 VT 绕制　　正立式 CT 绝缘包扎

定义　通过被变换电流（电流互感器）或施加被变换电压（电压互感器）的绕组。

【定义来源】　GB/T 2900.94—2015《电工术语　互感器》2.17 条。

解析　本定义涵盖了 GB 20840.3—2013《互感器　第 3 部分：电磁式电压互感器的补充技术要求》中的 3.1.306 "一次绕组" 的定义。

【历史沿革】　本定义涵盖了 DL/T 726—2000《电力用电压互感器订货技术条件》中的 3.9 "一次绕组" 的定义。

【实物图片】　正立式 CT 和配网用电磁式 VT 的一次绕组如图 1-16 所示。

 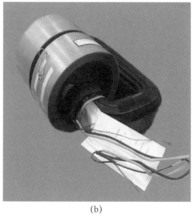

(a)　　　　　　　　　　　　　(b)

图 1-16　一次绕组（生产过程中）

(a) 正立式 CT 的 U 形结构（单匝）；(b) 配网用电磁式 VT（一次绕组分为两段）

【延伸】

（1）电流互感器的一次绕组导体材质常采用电工用铜或电工用铝。高电压等级电流互感器常见的一次绕组形状主要有 U 形结构、发卡形结构、倒立直杆型结构等。其中，倒立直杆型结构用在倒立式电流互感器中，其余结构用在正立式电流互感器中。

（2）一次绕组可用多根裸铜线并联，也可以采用铝管或铜管。

（3）中、低压电流互感器的外包绝缘较薄、散热性好，一次绕组导线截面多取决于额定短时热电流。短时热电流密度，对于铜线 1s 内不应超过 180A/mm²，对于铝线 1s 内不应超过 120A/mm²（如果短路电流持续时间不是 1s 且不超过 5s，则通常按照热效应相等的原则进行换算）。高压电流互感器一次绕组的外包绝缘很厚，散热困难，其导线截面多由额定连续热电流决定。长期连续热电流密度，铜线取 2A/mm²，铝线取 0.6～0.7A/mm²。

CT 二次绕组绕制　　CT 二次绕组绝缘包扎

1.19　二次绕组 secondary winding（s）

定义　对测量仪器、仪表、保护或控制装置的电流回路供给电流（电流互感器）或对其电压回路供给电压（电压互感器）的绕组。

【定义来源】　GB/T 2900.94—2015《电工术语　互感器》2.18 条。

解析

（1）本定义涵盖了 GB 20840.3—2013《互感器　第 3 部分：电磁式电压互感器的补充技术要求》中的 3.1.307"二次绕组"、GB/T 20840.5—2013《互感器　第 5 部分：电容式电压互感器的补充技术要求》中的 3.1.504"二次绕组"的定义。

GIS 型电磁式
VT 二次绕组绕制

（2）电流互感器的二次绕组分为矩形绕组和环形绕组两种，前者用于叠片铁心，后者用于卷铁心。

【实物图片】　CT 环形铁心的二次绕组实物及 GIS 用电磁式 VT 的二次绕组示意图如图 1-17 所示。

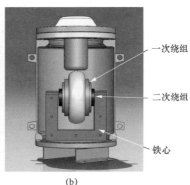

一次绕组

二次绕组

铁心

(a)　　　　　　　　　　　(b)

图 1-17　二次绕组

(a) CT 的二次绕组（生产过程中）；(b) GIS 用电磁式 VT 示意图

【延伸】

（1）电流互感器二次绕组导线多采用漆包线和双玻璃丝包圆铜线，可用单根或多根导线并联绕制。导线截面主要考虑最大二次电流和误差性能要求。为了降低导线电阻对误差性能的影响，一般都适当加大二次绕组导线截面。

（2）电磁式电压互感器的二次绕组可布置在一次绕组的外侧，也可布置在一次绕组的内侧，一、二次绕组的绕向应相反。一、二次绕组的结构型式大多采用同心圆筒式，少数低压互感器如干式和浇注式互感器也常采用同心矩形筒式。

（3）电磁式电压互感器的一、二次绕组采用的导线类型根据互感器采用的绝缘介质而有所不同。浇注及干式互感器一般采用 QZ 型聚酯漆包线，SF_6 互感器一般采用聚酯漆包线或塑料薄膜导线等。

1.20 一次端子 primary terminals

定义 施加被变换电压或电流的端子。

【定义来源】 GB/T 2900.94—2015《电工术语 互感器》2.19 条、GB 20840.1—2010《互感器 第 1 部分：通用技术要求》3.1.3 条。

解析

在 CT 上，一次端子的标志为 P1、P2（或 L1、L2），用来表示一次电流的流向。对于独立式 CT，都有属于自身的一次绕组，一次端子从电气连接的角度可视为一次绕组的一部分（即首、尾部分。但从产品部件的角度、一次端子可能会由单独的导电部件来实现），P1、P2（或 L1、L2）标示在一次端子上，如图 1-18 所示。而对于套管式 CT、母线式 CT、GIS 用 CT，其自身没有一次导体、因此

一次端子

(a)

图 1-18 CT 的一次端子（一）

(a) 倒立式 1

图 1-18 CT 的一次端子（二）

（b）倒立式 2；（c）正立式；（d）6～10kV 支柱式 1；

（e）6～10kV 支柱式 2；（f）6～10kV 穿墙型

也就没有一次端子，这种 CT 往往借助套管、母线、导线、GIS 的导体通过一次电流，则 P1、P2 仅用于指示一次电流的方向，如图 1-19 所示。

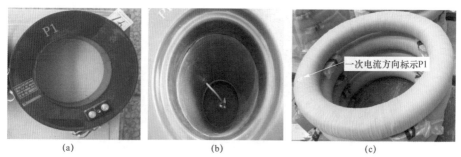

图 1-19 CT 的一次电流方向标示

（a）0.72kV 套管式 CT（零序 CT）；（b）6～20kV 母线式 CT 局部；（c）套管式 CT（用于发电机出口处）

1.21 二次端子 secondary terminals

定义 向测量仪器、仪表和保护或控制装置或者类似电器传送信息信号的端子。

【定义来源】 GB/T 2900.94—2015《电工术语 互感器》2.20 条、GB 20840.1—2010《互感器 第 1 部分：通用技术要求》3.1.4 条。

解析 二次端子布置在二次接线板上，并与二次绕组的引出线相连接。

【实物图片】 二次端子的实物如图 1-20 所示。

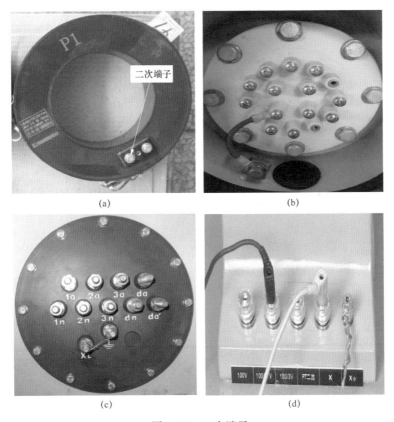

图 1-20 二次端子
(a) 0.66kV 套管式 CT（零序 CT）；(b) 正立式 CT；
(c) 电容式电压互感器；(d) 干式精密电压互感器

【延伸】

（1）电流互感器二次绕组的出线经二次端子引出，有通过小套管引出和通过固定在绝缘板上的接线柱引出两种方式。

（2）在部分 10～35kV 干式电压互感器的结构设计中，承受一次电压的低电位端子（N 端子）与二次端子均布置在二次端子盒内且距离较近（见图 1-21），此时要考虑各接线端子间的距离，防止出现因绝缘不足而导致放电的情况。

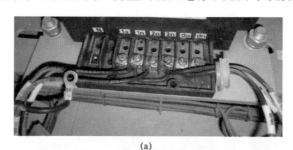

(a)

(b)

图 1-21　一次电压的 N 端子与二次端子均布置在二次端子盒内

（a）情况 1；（b）情况 2

（3）电流互感器二次端子的标志为 S1、S2（单电流比），或 S1、S2（中间抽头）、S3（多电流比）。如果有两个及以上二次绕组，各有其铁心，则表示为 1S1、1S2、2S1、2S2、3S1、3S2 等。

1.22　二次电路 secondary circuit

定义　接收互感器二次端子所供给信息信号的外部电路。

【定义来源】　GB/T 2900.94—2015《电工术语　互感器》2.21 条、GB 20840.1—

2010《互感器 第 1 部分：通用技术要求》3.1.5 条。

解析 互感器的二次绕组与二次电路共同构成二次回路。

【历史沿革】 GB 1207—2006《电磁式电压互感器》中的 3.1.8 "二次电路"、GB/T 4703—2007《电容式电压互感器》中的 3.1.7 "二次电路"、DL/T 726—2000《电力用电压互感器订货技术条件》中的 3.13 "二次回路"的定义均为 "由互感器二次绕组供电的外部电路"。

【延伸】

（1）电流互感器的二次回路必须接地。否则，当电流互感器的一次和二次之间的绝缘破坏时，一次回路的高电压直接加到二次回路中，会损坏二次设备并危及人身安全。并且，电流互感器的二次回路只能有一个接地点，决不允许多点接地。

（2）当二次回路只有一个 Y 连接的电流互感器时，该接地点应在电流互感器的端子箱内。对于有几组电流互感器在电气上互相连接的情况（如母差保护需要采集每条线路的电流），其所涉及的二次回路也只能有一个接地点，该接地点在保护屏上。简言之，如主变压器差动保护、母差保护等所用 CT 的二次回路应在保护屏统一接地，而计量、测控、录波等装置的二次回路则应在其 CT 的端子箱接地。

（3）电压互感器的二次回路只允许有一个接地点。若有两个或多个接地点，则当电力系统发生接地故障时，各接地点之间的地电位相差很大，该电位差叠加在电压互感器的二次回路上，可能造成阻抗保护或方向保护的误动或拒动。若有多组电压互感器，其二次回路经控制室中性线小母线连接在一起并接地。否则，若各组电压互感器的二次回路分别接地，将不可避免地出现多点接地现象。

1.23 机械载荷 mechanical load

定义 互感器各部分所受的力。主要有四种：线路连接对端子的力、风力、地震力和短路电流产生的电动力。

【定义来源】 GB/T 2900.94—2015《电工术语 互感器》2.22 条。

解析 本定义涵盖了 GB 20840.1—2010《互感器 第 1 部分：通用技术要求》中的 3.5.2 "机械载荷"的定义，但 3.5.2 中多了表示 "机械载荷"的符

号 F。

【历史沿革】 GB/T 4703—2007《电容式电压互感器》中的 3.1.35 "机械应力（mechanical stress）"的定义为"电容式电压互感器各部分所受的机械应力，主要是下述 4 种力作用的结果：

——与电力线路的连接对端子的作用力；

——电容式电压互感器在其耦合电容器顶部有无安装阻波器情况下，其迎风面受风的作用力；

——地震力；

——短路电流产生的电动力"。

【符号或公式】 F

【延伸】

（1）GB 20840.1—2010《互感器 第 1 部分：通用技术要求》的 6.7 规定了设备最高电压为 72.5kV 及以上的互感器的机械强度要求。互感器应能承受的静态载荷指导值列于表 1-16。这些数值包含风力和覆冰引起的载荷。规定的试验载荷可施加于一次端子的任意方向。

表 1-16 静态承受试验载荷

设备最高电压 U_m （kV）	静态承受试验载荷 F_R（N）		
	电压端子	电流端子	
		Ⅰ类载荷	Ⅱ类载荷
72.5	500	1250	2500
126	1000	2000	3000
252～363	1250	2500	4000
≥550	1500	4000	5000

注 1. 在常规运行条件下，作用载荷的总和不得超过规定承受试验载荷的 50%。

　　2. 在某些应用情况中，互感器的通电流端子应能承受很少出现的急剧动态载荷（例如短路），它不超过静态试验载荷的 1.4 倍。

　　3. 对于某些应用情况，可能需要一次端子具有防转动的能力。试验时施加的力矩由制造方与用户商定。

　　4. 如果互感器组装在其他设备（例如组合电器）内，相应设备的静态试验载荷不得因组装过程而降低。

　　5. 如用户另有要求，则应在订货合同中注明。

（2）《国家电网公司输变电工程通用设备 110（66）～750kV 智能变电站一次设备（2012 年版）》规定了互感器的一次接线端子机械强度的典型参数，包括任意方向静态承受试验载荷、实际运行总载荷、极端动力载荷等三个参数，单位均为 N。实际运行总载荷不超过静态试验载荷的 50%。对于电流互感器，其极端动力载荷不超过静态试验载荷的 1.4 倍。对于 750、500、330、220、110、66、35kV 等级的电容式电压互感器，具有载流端子时承受的极端动力载荷不超过静态试验载荷的 1.4 倍。对于 66、35kV 等级的电磁式电压互感器，极端动力载荷不超过静态试验载荷的 1.4 倍。电流互感器的任意方向静态承受试验载荷典型参数见表 1-17，电压互感器的任意方向静态承受试验载荷典型参数见表 1-18。

表 1-17　　　电流互感器的任意方向静态承受试验载荷典型参数

电压等级 (kV)	任意方向静态承受试验载荷 (典型方向为水平纵向、水平横向、垂直方向分别施加)	绝缘介质	结构型式
500	6000N	油浸式	倒立式
		SF$_6$气体	
330	1min，4000N	油浸式	倒立式
		SF$_6$气体	
220	4000N	油浸式	正立/倒立式
		SF$_6$气体	倒立式
110	3000N	油浸式	正立/倒立式
		干式	正立式
		SF$_6$气体	倒立式
66	1min，2500N	油浸式	正立/倒立式
	2500N	干式	正立式
35	1min，3000N	油浸式	倒立/正立式

表 1-18　　　电压互感器的任意方向静态承受试验载荷典型参数

额定电压 (kV)	任意方向静态承受试验载荷（典型方向为水平纵向、水平横向、垂直方向分别施加）	结构型式
750	2000N	电容式
500	3000N	电容式
330	1min，1250N	电容式
220	电压端子：1250N	电容式
110	1000N	电容式

续表

额定电压 （kV）	任意方向静态承受试验载荷（典型方向为 水平纵向、水平横向、垂直方向分别施加）	结构型式
66	1min，可选：Ⅰ类 1250N，Ⅱ类 2500N	电磁式
		电容式
35	1min，1000N	电磁式
		电容式

1.24 膨胀器 expander

【定义】 容积可变的容器，在密封的油浸式产品中，其容积随绝缘油胀缩而变化，以保持产品内部压力实际上不变。

【定义来源】 GB/T 2900.94—2015《电工术语　互感器》2.24 条。

【实物图片】 膨胀器的实物如图 1-22 所示。

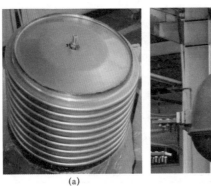

(a)　　　　　　　　　　(b)

图 1-22　膨胀器实物图

（a）CVT 用膨胀器；（b）倒立式 CT 顶部的膨胀器及其外壳

【延伸】

（1）我国常用的金属膨胀器有波纹式、盒式和串组式三种。

1）波纹式膨胀器又分为由多个膨胀节串联而成的片式膨胀器和由波纹管直接构成的叠式膨胀器两种。其中，片式膨胀器具有结构紧凑，压力传递灵敏等优点，但因其强度完全靠自身弹性膜片支撑，当腔内充油后，很容易发生摇摆与振动，在互感器运输和运行过程中，常发生变形，甚至造成破裂。

2）盒式膨胀器的膨胀单元是膨胀盒。根据使用方式的不同，盒式膨胀器分为内油式和外油式两种。内油式是盒内充油并通过联管与互感器内的绝缘油相通，盒外是大气，在工作中油膨胀时盒容积相应增大，油收缩时盒容积相应减小。外油式是将膨胀器主体装在充满油的外壳中，盒的内腔通过联管与大气相通，在工作中油膨胀时盒容积相应减小，油收缩时盒容积相应增大。外油式盒式膨胀器在卧倒运输互感器上使用比较方便。盒式膨胀器虽然解决了强度问题，但每个单盒各自独立，需用细导管相互连接，盒与盒间油路不畅通，压力传递不灵敏，不利于缓冲与减压，安全与可靠性不够理想。

3）串组式膨胀器类似盒式膨胀器由若干膨胀单盒组成，盒与盒间类似波纹片式膨胀器的焊接结构直接用波纹管联接，使内腔互通、油互流性好，压力传递灵敏，减压缓冲效果好。又具有两端限位，解决了卧倒运输的难题，降低了振动、颠簸和倒置的影响。

（2）《国家电网公司输变电工程通用设备 110（66）～750kV 智能变电站一次设备（2012 年版）》规定：对于 500kV 和 330kV 油浸倒立式电流互感器、220kV 和 110kV 油浸（正立/倒立式）电流互感器，膨胀器的型式和材料为金属波纹膨胀器；对于 66kV 油浸（正立/倒立式）电流互感器，膨胀器的型式和材料可选择金属波纹膨胀器（带不锈钢外罩）、金属盒式膨胀器（带不锈钢外罩）或串组式膨胀器（带不锈钢外罩）；对于 35kV 油浸（正立/倒立式）电流互感器，膨胀器的型式和材料为金属波纹膨胀器（外罩材质为不锈钢）。

（3）一般膨胀器的膨胀节或膨胀盒的有效容积按一定规格生产，因此选用时仅计算膨胀器的节数或盒数。计算公式为（所得为非整数时，应该向上取整并留有一定裕量）：

$$n = \frac{G\alpha\Delta T_{\mathrm{m}}}{dV} \tag{1-5}$$

式中　G——互感器内总油量，g；

　　　d——油的密度，$0.9\mathrm{g/cm^3}$；

　　　α——油的体积膨胀系数，$7\times10^{-4}/\mathrm{℃}$；

　　ΔT_{m}——最大油温变化范围，K；

　　　V——膨胀节或膨胀盒的有效容积，$\mathrm{cm^3}$。

（4）在电容式电压互感器的电容分压器瓷套内部上端装有金属膨胀器，并保持内部为微正压，以保证产品在最低运行温度下不出现负压。

1.25 压力释放装置 pressure relief device

定义 用于限制互感器内部危险过压力的一种装置。

【定义来源】 GB 20840.1—2010《互感器 第 1 部分：通用技术要求》3.6.1 条。

解析 对于独立式 SF_6 气体绝缘电流互感器，在产品头部外壳的顶部装有爆破片，爆破压力一般与压力容器的设计压力有关。

【实物图片】 压力释放装置的实物如图 1-23 所示。图 1-23（a）为图 1-4（a）所示的 GIS 用 110kV 三相电磁式电压互感器的压力释放装置。

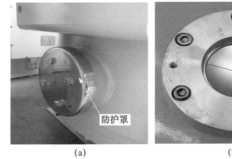
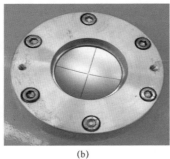
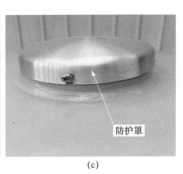

(a) (b) (c)

图 1-23 压力释放装置

(a) 三相电磁式 VT（GIS 用）；(b) 独立式 CT（无防护罩）；(c) 独立式 CT（有防护罩）

1.26 气体绝缘金属封闭式互感器 gas-insulated metal-enclosed instrument transformer

定义 安装在气体绝缘金属封闭开关设备（GIS）壳内或壳外的金属封闭式互感器。

【定义来源】 GB 20840.1—2010《互感器 第 1 部分：通用技术要求》3.6.2 条（改写：将气体绝缘组合电器改为气体绝缘金属封闭开关设备）。

解析

（1）置于 GIS 壳外空气侧的电流互感器，可避免二次连接使用密封套管，能够方便地进行极性测量和测试保护继电器，并且其长度可调，能够按照用户的需要灵活布置。

（2）置于GIS壳内的电流互感器，能够实现集成化和小型化，安全性高且抗震性能优良，电磁和静电屏蔽效果好，噪声小，抗无线电干扰能力强，但其在试验和检修方面不及壳外电流互感器灵活。

（3）电磁式电压互感器均安装在壳内。

【实物图片】　气体绝缘金属封闭式互感器中的电磁式电压互感器实物如图1-4（a）和图3-2（a）、（c）所示。气体绝缘金属封闭式互感器中的1000kV电流互感器实物如图1-24所示。

(a)

(b)

图1-24　气体绝缘金属封闭式互感器中的1000kV电流互感器外观及铭牌

（a）壳内式互感器；（b）壳外式互感器

1.26.1　额定充气压力 rated filling pressure

定义　气体绝缘互感器在投运前或周期性补气的充气压力，为相对于标准大气条件（20℃和101.3kPa）的压力。

【定义来源】 GB 20840.1—2010《互感器 第1部分：通用技术要求》3.6.4条。

【延伸】 互感器中SF_6常用额定压力为0.4～0.5MPa。

1.26.2 最低工作压力 minimum functional pressure

定义 气体绝缘互感器保持其额定绝缘和其他性能及需要补气的最低压力，为相对于标准大气条件（20℃和101.3kPa）的压力。

【定义来源】 GB 20840.1—2010《互感器 第1部分：通用技术要求》3.6.5条。

【延伸】

（1）GB 20840.1—2010《互感器 第1部分：通用技术要求》的6.2.3规定"最低工作压力超过0.2MPa的气体绝缘互感器，应配备压力或密度监测装置。气体监测装置可以单独提供或随同附属设备提供"。

（2）对SF_6互感器，通常会规定报警压力（如0.35MPa）。互感器的设计计算、出厂耐压试验和出厂局部放电测量等均应在最低工作压力（通常小于报警压力）下进行。

1.26.3 外壳的设计压力 design pressure of the enclosure

定义 用于确定外壳厚度的压力。它至少等于在最高温度下外壳的最大压力，温度为所用绝缘气体在最严重使用条件下可能达到的数值。

【定义来源】 GB 20840.1—2010《互感器 第1部分：通用技术要求》3.6.6条。

1.26.4 外壳的设计温度 design temperature of the enclosure

定义 在使用条件下外壳可能达到的最高温度。

【定义来源】 GB 20840.1—2010《互感器 第1部分：通用技术要求》3.6.7条。

1.26.5 绝对泄漏率 absolute leakage rate

定义 单位时间的气体逸出量，用$Pa \cdot m^3/s$表示。

【定义来源】　GB 20840.1—2010《互感器　第1部分：通用技术要求》3.6.8条。

【延伸】

（1）为提高密封效果，应有良好的密封结构，外壳焊接要保证无微孔、无裂纹，密封接触面要提高加工光洁度。应采用限位密封，保证密封件的压缩比，或采用动密封，密封件材料要求抗老化性好、耐热耐寒性能强，对电弧分解物有耐腐蚀性，渗透率低等特性，可选用氯丁橡胶、丁腈橡胶、三元乙丙橡胶等，其中三元乙丙橡胶的耐油性能较差，使用时不能与油脂接触。

（2）运行中的密封监视装置有密度监视和压力监视两种，当互感器气体密度或压力在规定温度下减小到一定程度时，监视装置发出报警信号。

1.26.6　相对泄漏率 relative leakage rate

定义　在额定充气压力（或密度）下，相对于互感器气体总量的绝对泄漏率。它以每年的百分数表示。

【定义来源】　GB 20840.1—2010《互感器　第1部分：通用技术要求》3.6.9条。

【符号或公式】　F_{rel}

【延伸】　GB 20840.1—2010《互感器　第1部分：通用技术要求》的6.2.4.2规定："气体封闭压力系统的密封性能是以各气室的相对泄漏率 F_{rel} 进行规定。标准值为每年 0.5%，适用于 SF_6 和 SF_6 混合气体"。

电流互感器术语

2.1　单铁心电流互感器 single-core type current transformer

定义　只有一个铁心及其二次绕组和一个一次绕组的电流互感器。

【定义来源】　GB/T 2900.94—2015《电工术语　互感器》3.1条。

2.2　多铁心电流互感器 multi-core type current transformer

定义　有一个公共的一次绕组和多个铁心，每个铁心各有其二次绕组的电流互感器。

【定义来源】　GB/T 2900.94—2015《电工术语　互感器》3.2条。

解析

（1）多铁心电流互感器将具有计量、测量、保护功能的多个铁心"穿心"通过一个公共的一次绕组安装在同一台设备中，如图2-1所示。需要说明的是，如果图中的铁心数量为1，即为单铁心电流互感器。

（2）35kV及以上电压等级的独立式CT几乎均为多铁心电流互感器。

（3）非独立式CT（如GIS用CT、变压器电抗器的套管式CT）尽管也同样将多个铁心集中安装在同一壳体中，但却是借助GIS或套管中的导体通过一次电流、没有自身的一次绕组，因此不属于多铁心电流互感器的范畴。

【延伸】

（1）DL/T 866—2015《电流互感器和电压互感器选择及计算规程》的3.2.6规定"在电流互感器有多个二次绕组时，保护与测量用二次绕组可采用不同变比"。

（2）DL/T 866—2015《电流互感器和电压互感器选择及计算规程》的8.1.5

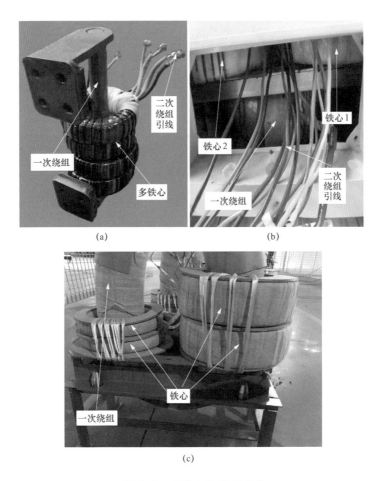

图 2-1　多铁心电流互感器

（a）6~35kV 配电网用 CT（二次绕组带抽头）；（b）正立式 CT；（c）正立式 CT

规定"3kV~35kV 电流互感器宜采用两个二次绕组，当需要时，也可采用多个二次绕组"。

2. 3　分裂铁心电流互感器 split core type current transformer

定义　没有自身一次导体和一次绝缘，其铁心可以按铰链方式打开（或以其他方式分离为两个部分），套在载有被测电流的绝缘导线上再闭合的电流互感器。

【定义来源】 GB/T 2900.94—2015《电工术语　互感器》3.3 条。

【注】 分裂铁心电流互感器通常也称作开合式电流互感器。

【实物图片】 分裂铁心电流互感器的实物如图 2-2 所示。图 2-2（b）给出的分裂铁心电流互感器用于测量零序电流，所以该互感器又称零序电流互感器，型式上也属于套管式电流互感器。

（a）　　　　　　　　　　　（b）　　　　　　　　　　　（c）

图 2-2　分裂铁心电流互感器

（a）铁心；（b）待出厂产品 1；（c）待出厂产品 2

2.4　变比可选电流互感器 selectable-ratio current transformer

定义　采用一次绕组线段换接或二次绕组抽头方式获得多种变比的电流互感器，使用时变比可选。

【定义来源】 GB/T 2900.94—2015《电工术语　互感器》3.4 条。

解析

（1）本定义涵盖了 GB 20840.2—2014《互感器　第 2 部分：电流互感器的补充技术要求》中的 3.1.211"变比可选电流互感器"的定义。

（2）对于变比可选电流互感器的准确度性能要求，GB 20840.2—2014《互感器　第 2 部分：电流互感器的补充技术要求》的 5.6.203 规定（作者注：文字上做了修改）：一次换接的电流互感器，对所有的准确级，其准确度要求适用于全部的换接连接；二次绕组带有抽头的电流互感器，对所有的准确级，除非另有规定，其准确度要求是指最大的变比，且当用户有要求时，制造方应给出各较低变比的准确度性能的有关信息。

【延伸】

（1）一次绕组分段端子的标志是 C1 和 C2，与一次端子 P1 和 P2 配合，可以实现变比可选，如图 2-3（a）所示。图中为三个绕组的示例。一次绕组串联接法：P1（与产品绝缘）—C2—返回导体—C1（与产品绝缘）—P2。一次绕组并联接法：串并联连接板将 P1 和 C1 相连接—串并联连接板将 P2 和 C2 相连接。这种方式可获得两个成倍数的变比。例如 2×600/5A：一次绕组串联时为 600/5A；一次绕组并联时为 1200/5A。这种方式一般在 66kV 及以上电压等级的电流互感器上采用。对于 35kV 及以下电压等级由于结构布置困难而较少采用。

（2）二次绕组抽头方式如图 2-3（b）、图 2-3（c）所示。使用这种多抽头的绕组时，严禁将不用的抽头短路。理论上，抽头可以在绕组起末端之间的任意部位，一般常采用中间抽头。图 2-3（b）表示在 1/3 处抽头的情况，其二次绕组抽头方式可获得 200/5A、400/5A、600/5A 等三种变比，分别为满匝（S1-S3）对应 600/5A（S2 悬空）、1/3 处抽头（S1-S2）对应 200/5A（S3 悬空）、1/3 处抽头（S2-S3）对应 400/5A（S1 悬空）。一般这种方式仅用于测量用电流互感器。

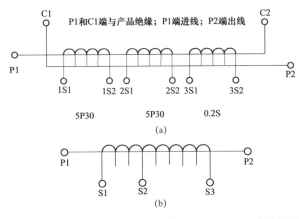

图 2-3　变比可选电流互感器的原理与实物图

（a）一次绕组分两组（可以串联或并联）；（b）二次绕组抽头方式；

（c）二次绕组有中间抽头的 6～35kV CT 实物图

保护用电流互感器采用抽头获得的电流比会降低保护性能，因此，保护用电流互感器一般不会采用二次抽头方式获得更小的电流比。

（3）一次绕组串并联和二次绕组抽头方式同时采用，可以获得更多的电流比。

2.5　套管式电流互感器 bushing type current transformer

定义　没有自身一次导体和一次绝缘，可直接套装在绝缘的套管上或绝缘的导线上的电流互感器。

【定义来源】　GB/T 2900.94—2015《电工术语　互感器》3.5条。

【实物图片】　套管式电流互感器的实物如图2-4所示。

屏蔽罩

电流互感器铁心与二次绕组

底座

图2-4　套管式电流互感器实物图

【延伸】　DL/T 866—2015《电流互感器和电压互感器选择及计算规程》的6.1.1规定"发电机主回路电流互感器宜采用套管式电流互感器，也可装设母线式或一次贯穿式的电流互感器"。

2.6　母线式电流互感器 bus-type current transformer

定义　没有自身一次导体，但有一次绝缘，可直接套装在导线或母线上使用的电流互感器。

【定义来源】 GB/T 2900.94—2015《电工术语　互感器》3.6 条。

【实物图片】 6～20kV 母线式电流互感器的实物如图 2-5 所示。

(a) 　　　　　　(b)

图 2-5　6～20kV 母线式电流互感器

(a) 实物 1；(b) 实物 2

2.7　电缆式电流互感器 cable-type current transformer

定义　没有自身一次导体和一次绝缘，可安装在绝缘的电缆上使用的电流互感器。

【定义来源】 GB/T 2900.94—2015《电工术语　互感器》3.7 条。

解析　套管式电流互感器与电缆式电流互感器在结构与绝缘特点上相类似，但套装或安装对象不同。

【实物图片】 0.66kV 电缆式电流互感器的实物如图 2-6 所示。

图 2-6　0.66kV 电缆式
电流互感器（待出厂）

2.8　支柱式电流互感器 support type current transformer

定义　兼作一次电路导体支柱用的电流互感器。

【定义来源】 GB/T 2900.94—2015《电工术语 互感器》3.9条。

【实物图片】 6~35kV 支柱式电流互感器的实物如图 2-7 所示。

(a)　　　　　　　　　　　　(b)

图 2-7　6~35kV 支柱式电流互感器实物图

(a) 6~10kV；(b) 35kV

2.9　倒立式电流互感器 inverted-type current transformer

定义　二次绕组及铁心置于产品顶部的电流互感器。

【定义来源】 GB/T 2900.94—2015《电工术语 互感器》3.12条。

【实物图片】 倒立式电流互感器的实物如图 2-8 所示。从绝缘介质分，倒立式电流互感器有 SF₆ 和油浸式两种。SF₆ 绝缘的倒立式电流互感器的顶部外壳通常有圆筒式和钟罩式两种。

【延伸】

(1) 由于倒立式电流互感器的一次绕组和二次绕组具有最佳的相对位置，因此其属于低漏抗电流互感器。并且这种结构也提高了保护级绕组在过电流时的准确度，即比较容易满足较高短路电流倍数的要求。

(2) 倒立式电流互感器的主绝缘包扎在二次绕组之外，这一特点使得一次电流较大时，设备容易散热，温升较低。

图 2-8 倒立式电流互感器实物图

（a）SF$_6$ 圆筒式、复合套管；（b）SF$_6$ 圆筒式、瓷套管；（c）SF$_6$ 钟罩式、

瓷套管；（d）油绝缘 1；（e）油绝缘 2

（3）当一次电流较小时，倒立式电流互感器采用一次多匝结构也可以做到高准确级。

（4）由于一次绕组长度短，倒立式电流互感器可满足较高动热稳定电流要求。

（5）倒立式电流互感器的瓷套直径小且上下直径尺寸相同，易于制造。

（6）倒立式电流互感器易于和单级式电压互感器组装为组合互感器。

（7）由于二次绕组及铁心置于产品顶部，因此铁心个数过多时，倒立式电流互感器的头部尺寸增加、重量加大，对设备耐受地震的能力不利。为了满足地震要求，势必会加大瓷套直径，导致设备整体重量和体积增加。并且铁心个数过多、额定负荷过高时，对绝缘包扎和干燥注油处理的工艺要求也随之提高，制造难度显著增加。以 500kV 产品为例，如果有 6 个铁心（包括 2 个 TPY 级铁心，其重量和体积远超其他铁心），则产品重量在 1600kg 左右。而带有 4 个 TPY 级铁心的 7 铁心以上产品的重量会达到 2600kg 以上。由此可见，合理选择倒立式电流互感器的铁心数以及额定负荷十分重要。

（8）倒立式电流互感器的头部和支撑杆之间的机械强度较弱，在搬运、运输和安装过程中需采取措施防止其损坏。

（9）由于体积相对较小，油浸倒立式电流互感器的内部绝缘用油量较少，加之主要部件均在产品顶部，因此其对油位比较敏感，膨胀器容量需满足温度补偿要求。

2.10　剩余电流 residual current

定义　三相系统中三个线电流瞬时值的总和。

【定义来源】　GB/T 2900.94—2015《电工术语　互感器》3.14 条。

解析　剩余电流的三分之一即为零序电流。零序电流多用于非有效接地系统中的接地保护和有效接地系统中的接地故障保护。

【延伸】　对于数字式保护，剩余电流既可以通过剩余电流互感器获得，也可以通过对三相线电流进行计算获得。在很多微机保护中，这两种方法都采用，且利用两种方法得到的剩余电流进行自检。但是无论使用哪种方法，当电流回路断线时，都有可能造成保护误动作。

2.11　剩余电流互感器 residual current transformer

定义　仅用以变换剩余电流的单台电流互感器或三台电流互感器组成的电流互感器组。

【定义来源】　GB/T 2900.94—2015《电工术语　互感器》3.15 条。

【注】　剩余电流互感器也称作零序电流互感器。

【实物图片】　剩余电流互感器如图 2-2 所示。

【延伸】

对于 3～35kV 系统电流互感器，DL/T 866—2015《电流互感器和电压互感器选择及计算规程》的 8.1.6 规定"系统采用经高电阻接地、经消弧线圈接地方式或不接地方式时，馈线回路零序电流互感器可采用与小电流接地故障检测装置或与接地继电器配套使用的互感器；当采用微机综合保护装置时，宜采用电缆型零序电流互感器"。8.1.7 规定"系统为低电阻接地方式时，厂用电动机及其他馈线回路可采用电缆型零序电流互感器"。8.1.8 规定"电缆型零序电流互感器铁心可采用整体式或分体式结构，互感器内径应大于所接电力电缆外径，并留有安装裕量"。

2.12　一次电流 primary current

定义　通过电流互感器一次绕组（导体）的电流。

【定义来源】　GB/T 2900.94—2015《电工术语　互感器》3.17 条。

解析　独立式 CT 都有属于自身的一次绕组用以通过一次电流，从图 2-9 (a) 中可以看到一次端子，两个一次端子之间即为一次绕组。而套管式 CT、母线式 CT、GIS 用 CT 往往借助套管、母线、电缆、GIS 的导体通过一次电流，其自身没有一次导体，如图 2-9 (b) 所示。

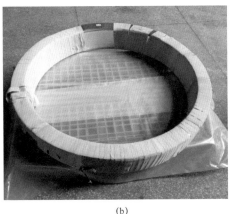

(a)　　　　　　　　　　　　　　(b)

图 2-9　CT 上施加一次电流的部位

(a) 倒立油浸式 CT 的头部（待出厂）；(b) 1000kV GIS 用 CT 铁心

2. 13　二次电流 secondary current

定义　当电流互感器一次绕组通过电流时，在二次绕组中流过的电流。

【定义来源】　GB/T 2900.94—2015《电工术语　互感器》3.18 条。

2. 14　额定一次电流 rated primary current

定义　作为电流互感器性能基准的一次电流值。

【定义来源】　GB/T 2900.94—2015《电工术语　互感器》3.19 条、GB 20840.2—2014《互感器　第 2 部分：电流互感器的补充技术要求》3.3.201 条（符号来自该术语）。

解析

（1）额定一次电流用有效值表示。

（2）GB 20840.2—2014《互感器　第 2 部分：电流互感器的补充技术要求》的 5.201 规定"额定一次电流标准值为10、12.5、15、20、25、30、40、50、60、75A 及其十进制倍数或小数。有下标线者为优先值"。

【符号或公式】　I_{pr}

【延伸】　对于某些特殊场合，如发电厂的厂用电系统，其正常运行时的测量电流在几十安培左右，而其系统短路时的短路电流却可能达到几十千安培。为了满足正常运行时准确测量和故障时保护正确动作的要求，通常会选用测量级绕组变比小而保护级绕组变比大的电流互感器，即同一台独立式电流互感器的不同铁心的额定一次电流是不同的，通常称这种电流互感器为复变比电流互感器。

2. 15　额定二次电流 rated secondary current

定义　作为电流互感器性能基准的二次电流值。

【定义来源】　GB/T 2900.94—2015《电工术语　互感器》3.20 条、GB 20840.2—2014《互感器　第 2 部分：电流互感器的补充技术要求》3.3.202 条（符号来自该术语）。

解析

（1）额定二次电流用有效值表示。

（2）GB 20840.2—2014《互感器　第 2 部分：电流互感器的补充技术要求》的 5.202 规定"额定二次电流标准值为 1A 和 5A。对于暂态特性保护用电流互感器，额定二次电流标准值为 1A"。

（3）DL/T 866—2015《电流互感器和电压互感器选择及计算规程》的 3.3.1 规定"电流互感器额定二次电流宜采用 1A，如有利于互感器制作或扩建工程，以及某些情况下为降低电流互感器二次开路电压，额定二次电流也可采用 5A"。6.2.2 对发电机变压器组电流互感器额定二次电流参数选择作出规定"300MW 级及以上容量发电机主回路电流互感器额定二次电流宜采用 5A""200MW 级以下容量发电机主回路电流互感器额定二次电流可采用 1A 或 5A""变压器回路电流互感器额定二次电流宜采用 1A"。7.2.2 规定"110（66）～1000kV 系统电流互感器额定二次电流宜采用 1A"。8.2.2 规定"3kV～35kV 系统电流互感器额定二次电流宜采用 1A"。

【符号或公式】 I_{sr}

【延伸】

（1）电流互感器铭牌上的额定一次电流与额定二次电流一般表示为：额定一次电流/额定二次电流（A）。当一次电流采用线段换接，通过串、并联得到几种电流比时表示为：一次绕组段数×一次绕组每段的额定电流/额定二次电流（A），如 2×600/1A。当二次绕组具有抽头，以得到几种电流比时，应分别标出每一对二次出线端子及其对应的电流比。如 S1-S2，200/5A；S1-S3，300/5A；S1-S4，400/5A 等。

（2）鉴于当前国内电流互感器二次负荷的实际情况，选择小于 1A 的额定二次电流（如 0.2、0.5A 等）也能够满足需求，且其输出信号更易于数字化。

2.16　额定连续热电流 rated continuous thermal current

定义　在二次绕组接有额定负荷的情况下，电流互感器一次绕组（导体）允许连续流过且温升不超过规定值的一次电流值。

【定义来源】 GB/T 2900.94—2015《电工术语　互感器》3.21 条。

解析

（1）本定义涵盖了 GB 20840.2—2014《互感器　第 2 部分：电流互感器的补充技术要求》中的 3.3.205 "额定连续热电流" 的定义，但 3.3.205 中多了表示额定连续热电流的符号 I_{cth}。

（2）额定连续热电流是衡量电流互感器正常长期工作时热特性的两个指标之一，另一个指标是连续电流下的温升限值。

（3）GB 20840.2—2014《互感器　第 2 部分：电流互感器的补充技术要求》的 5.203 规定 "额定连续热电流的标准值为额定一次电流。当规定的额定连续热电流大于额定一次电流时，其优先值为额定一次电流的 120%、150% 和 200%"。

（4）电流互感器的温升限值涉及绕组、绕组出头或接触连接处、油顶层、铁心及其他金属结构零件表面等部位，并与绝缘材料有关。

【符号或公式】　I_{cth}

【延伸】　对于如发电厂的厂用电系统中使用的复变比电流互感器而言，额定连续热电流是以其测量级额定一次电流为基准的。

2.17　额定短时热电流 rated short-time thermal current

定义　在二次绕组短路的情况下，电流互感器能在规定的短时间内无损伤承受的最大一次电流方均根值。

【定义来源】　GB/T 2900.94—2015《电工术语　互感器》3.22 条。

解析

（1）与 GB 20840.2—2014《互感器　第 2 部分：电流互感器的补充技术要求》中的 3.3.203 "额定短时热电流" 的定义含义相同，仅文字上有差异，且 3.3.203 多了表示额定短时热电流的符号 I_{th}。

（2）额定短时热电流用于衡量电流互感器的短时热特性。GB 20840.2—2014《互感器　第 2 部分：电流互感器的补充技术要求》的 5.204.1 规定 "额定短时热电流的持续时间标准值为 1s"。当额定短时热电流的持续时间为其他值且小于 5s 时，可采用热效应等效原则进行换算。

（3）为使短路后电流互感器的导体温度不超过一定限值，需选择合适的短路电流密度。通过额定短时热电流及其持续时间、导体参数（电阻系数、密度、比热、截面积等）等可计算出导体的电流密度及导体温升，进而在设计时确定和控制绕组导线的允许电流密度值。

（4）验算二次绕组承受短时热电流的能力时，应计算二次绕组可能出现的最大电流。二次绕组出现最大电流有两种可能：一是一次绕组流过短时热电流时铁心未饱和的情况，二是一次电流尚未达到额定短时热电流值时铁心已饱和的情况（此时二次电动势将达到最大值）。应取这两种情况中的偏小结果来校验二次绕组承受短时热电流的能力。

（5）《国家电网公司输变电工程通用设备 110（66）～750kV 智能变电站一次设备（2012 年版）》规定的额定短时热电流（作者注：原文为短时热稳定电流）见表 1-3，对应的电流持续时间为 3s。

【符号或公式】 I_{th}

【延伸】

（1）对于 GIS 用电流互感器，其额定短时热电流的参数必须与 GIS 的要求一致。

（2）对于配网开关柜中的电流互感器，其额定短时热电流的值应根据系统计算获得，而不宜直接引用断路器的短路电流。特别是对于一次电流比较小的电流互感器（如 500A 以下）应更加注意这一问题。

（3）对于套管式电流互感器或母线式电流互感器，由于没有自身一次导体，因此一般不提出额定短时热电流和额定动稳定电流的要求。

（4）在发电机变压器组电流互感器的选择方面，DL/T 866—2015《电流互感器和电压互感器选择及计算规程》的 6.1.9 规定"励磁变压器高压侧电流互感器应采用满足其保护动作电流和额定短时热电流的套管式或母线式电流互感器"。

2.18　额定动稳定电流 rated dynamic current

定义　在二次绕组短路的情况下，电流互感器能承受其电磁力作用而无电气或机械损伤的最大一次电流峰值。

【定义来源】 GB/T 2900.94—2015《电工术语　互感器》3.23 条、GB 20840.2—2014《互感器　第 2 部分：电流互感器的补充技术要求》3.3.204 条

（符号来自该术语）。

解析

（1）额定动稳定电流用来衡量电流互感器的短路强度。短路电流产生的电动力（电磁力）的大小取决于短路电流的峰值。

（2）短路电流峰值与短路电流周期分量有效值的关系，就是额定动稳定电流与额定短时热电流之间的关系。因此，GB 20840.2—2014《互感器　第 2 部分：电流互感器的补充技术要求》的 5.204.2 规定"额定动稳定电流（I_{dyn}）的标准值是额定短时热电流（I_{th}）的 2.5 倍"。

【符号或公式】　I_{dyn}

【延伸】　对于 GIS 用电流互感器，其额定动稳定电流的参数可以与 GIS 的要求不一致。

2.19　测量用电流互感器 measuring current transformer

定义　为测量仪器和仪表传送信息信号的电流互感器。

【定义来源】　GB/T 2900.94—2015《电工术语　互感器》3.24 条、GB 20840.2—2014《互感器　第 2 部分：电流互感器的补充技术要求》3.1.202 条。

解析　在 110kV 及以上电压等级的独立式电流互感器当中，实现测量用电流互感器功能的铁心通常与实现保护功能的铁心一起组成多铁心电流互感器。换言之，多铁心互感器具有测量用电流互感器的功能。

【延伸】

（1）电流互感器可以将测量与保护功能共用一个绕组来完成，即在 120% 额定电流及以下电流值时满足测量准确级要求，更大电流情况下满足保护准确级要求。例如 5P15（0.5），表示当二次负荷为额定负荷时，既满足 0.5 级测量要求，同时也满足 5P15 的保护级要求。

（2）"计量用电流互感器"的说法并不准确，实际上其属于测量用电流互感器的范畴，主要是为了强调计量的专用性。

（3）DL/T 866—2015《电流互感器和电压互感器选择及计算规程》的 4.1.1 规定"在工作电流变化范围较大情况下作准确计量时应采用 S 类电流互感器"。4.1.2 规定"电能关口计量装置应设置 S 类专用电流互感器或专用二次绕组"。

4.3.2 规定"用于谐波测量的电流互感器准确级不宜低于 0.5 级"。6.1.10 规定"发电机变压器组电能计量用电流互感器宜采用 S 级测量电流互感器；电气测量、励磁用电流互感器宜采用一般用途的测量电流互感器"。7.1.10 规定"110（66）～1000kV 系统计量用电流互感器应采用 S 类测量电流互感器。电气测量用电流互感器宜采用一般用途的测量电流互感器"。

2.20 匝数补偿 turns correction

定义 电流互感器调整比值差的一种方法，通常是减少二次绕组的匝数，使实际匝数比的倒数小于额定变比，生成与电流无关的正值附加误差，用于补偿互感器自身的负值比值差。若减少的匝数是分数时则称为分数匝补偿，它的应用比整数匝补偿复杂多样。

【定义来源】 GB/T 2900.94—2015《电工术语 互感器》3.25 条。

解析

（1）由式（1-1）可知：在 $\dot{I}_1$、$\dot{I}_0$、N_1 不变的情况下，由于 $\dot{I}_0$ 的存在，电流互感器的比值差为负值。换言之，未采取补偿措施的电流互感器的比值差为负值。因此，所采取的补偿措施，应使比值差向正方向变化，以减小比值差的绝对值。此外，适当的补偿措施也可以使相位差的绝对值减小。

（2）常用的电流互感器误差补偿措施有匝数补偿和磁分路补偿。匝数补偿有整数匝补偿、分数匝补偿、短路匝补偿三种。

1）整数匝补偿和分数匝补偿只能补偿比值差，对改善相位差不起作用。分数匝补偿主要有二次绕组用多根导线并绕和采用双铁心或铁心穿孔等两种实现方法。前者如图 2-10 所示，主要用于小于 1/3 匝补偿的精密电流互感器中，并绕导线的材料和规格可以完全相同，也可以不同，还可以在少绕匝数的导线上串联一个阻值较小的电阻来改变补偿值，以方便调节。后者如图 2-11 所示。双铁心分数匝补偿将铁心分成两个小铁心，二次绕组中有一匝只绕在一个铁心上，其余线匝都绕在两个铁心上（少绕匝数的铁心称为辅助铁心），两个铁心的尺寸和磁导率可以相同也可以不同。铁心穿孔分数匝补偿的原理与双铁心分数匝补偿相同，将二次绕组的最初（或最后）一匝导线从孔中穿过。

2）短路匝补偿是在铁心上除一、二次绕组外，另外再绕 1～2 匝短路绕组

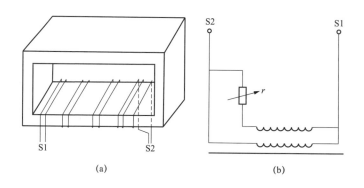

图 2-10   二次绕组用两根导线并绕的分数匝补偿方式

（a）两个导线并绕；（b）少绕匝数导线的串电阻调节

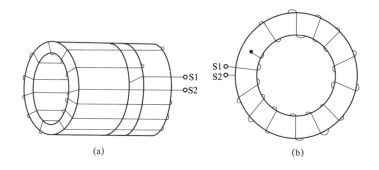

图 2-11   双铁心或铁心穿孔分数匝补偿方式

（a）双铁心分数匝补偿；（b）铁心穿孔分数匝补偿

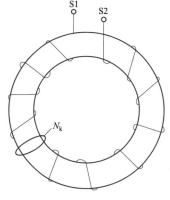

图 2-12   短路匝补偿方式

（通常称为短路匝），如图 2-12 所示的 N_K。短路匝的存在使得电流互感器增加了一个误差分量，利用其补偿作用就是短路匝补偿的基本原理。短路匝对比值差和相位差都有补偿作用，且补偿值均为负值，可见其能够减小相位差，但同时增大了原有的负值比值差。因此，短路匝补偿只适用于改善电流互感器的相位差，即需要对较大的正值相位差补偿时才采用。

3）电流互感器在 10%～120% 额定电流下运行时，如没有误差补偿措施，比值差和相位差都随电流的减小而增大。若能使比值差和相位差的补偿值随电流的减小而增大，才是理想的补偿方式。磁分路补偿（又称为小铁心补偿）就是一种接近这种要求的补偿方式。磁分路补偿对比值差有较好的补偿作用，但一般会使相位差增大，故可考虑同时在磁分路上加短路匝。

【延伸】 匝数补偿同样适用于电磁式电压互感器。未经补偿的电磁式电压互感器的比值差总是负值。因此理论上只要适当减少一次绕组的匝数或增加二次绕组的匝数，使比值差向正方向变化，就可以实现补偿。但是，电磁式电压互感器的二次匝数很少，改变其匝数引起的电压调整太大，故一般采用一次绕组减匝补偿。匝数补偿对相位差不起作用。

2.21 额定仪表限值一次电流 rated instrument limit primary current

定义 测量用电流互感器在二次负荷等于额定负荷时，其复合误差等于或大于10％时的最小一次电流值。

【定义来源】 GB/T 2900.94—2015《电工术语 互感器》3.26 条、GB 20840.2—2014《互感器 第2部分：电流互感器的补充技术要求》3.4.204 条（符号来自该术语）。

【符号或公式】 I_{PL}

【延伸】 对于测量用电流互感器，在正常工作条件下，要求其准确度高、误差小。在一次过电流情况下，又希望其误差大，使得二次电流不再严格地按一次电流的增长而成比例地增长，以避免二次回路所接的仪器、仪表受到大电流的冲击。基于此，在额定仪表限值一次电流下的复合误差必须大于或等于10％。

2.22 仪表保安系数 instrument security factor （FS）

定义 额定仪表限值一次电流与额定一次电流的比值。

【定义来源】 GB/T 2900.94—2015《电工术语 互感器》3.27 条。

【注】 实际上，额定仪表保安系数仅对应于额定二次负荷，当负荷低于其额定值时实际的仪表保安系数将增大，甚至可能成倍增大。

解析

（1）本定义与 GB 20840.2—2014《互感器　第 2 部分：电流互感器的补充技术要求》中的 3.4.205"仪表保安系数"的定义相同，但 3.4.205 有两个注：①应注意，实际仪表保安系数是受负荷影响的。当负荷值明显低于额定值时，在短路电流下二次侧将产生较大电流。②如果系统故障电流通过电流互感器一次绕组，则额定仪表保安系数 FS 越低，由互感器供电的装置越安全。

（2）仪表保安系数是对测量用电流互感器而言的。

（3）GB 20840.2—2014《互感器　第 2 部分：电流互感器的补充技术要求》的 5.6.201.6 规定"仪表保安系数可作规定。标准值为 FS5 和 FS10"。

（4）为了保证测量用电流互感器在正常工作条件下的高准确度，而在一次过电流下又有较大误差，使仪表保安系数符合要求，可采取两个技术措施。一是选用初始导磁率很高，而饱和磁密又较低的材料（如坡莫合金或超微晶合金）来制造铁心。二是在电流互感器的二次回路并联一非线性阻抗：在正常工作条件下，该非线性阻抗的阻抗值很大，对负荷支路的分流作用很小，不影响电流互感器的正常工作；当一次电流达到一定值时，非线性阻抗的阻抗值迅速减小，分流作用增加，使负荷支路的电流增加较小，从而保证仪表保安系数符合要求。

（5）随着技术的发展，绝大部分二次测量仪表都采用了电子式仪表。电子式仪表具有一定的自保护能力，无需要求严格的额定仪表限值一次电流。因此，仪表保安系数也不再是主要的技术性能参数，根据实际情况可以忽略，同时在 GB 20840.2—2014《互感器　第 2 部分：电流互感器的补充技术要求》中将仪表保安系数的测定列为了抽样试验项目。

2.23　额定扩大一次电流 rated extended primary current

定义　测量用电流互感器可具有的扩大电流额定值，表示为额定一次电流的百分数。在该电流下，电流互感器应能满足温升和准确级要求。

【定义来源】　GB/T 2900.94—2015《电工术语　互感器》3.28 条。

解析　GB 20840.2—2014《互感器　第 2 部分：电流互感器的补充技术要求》的 5.6.201.5 规定了"准确级为 0.1～1 级的电流互感器可以标有扩大电流额

定值"。

2.24　保护用电流互感器 protective current transformer

定义　为保护和控制装置传送信息信号的电流互感器。

【定义来源】　GB/T 2900.94—2015《电工术语　互感器》3.29 条、GB 20840.2—2014《互感器　第 2 部分：电流互感器的补充技术要求》3.1.203 条。

解析

（1）在 110（66）kV 及以上电压等级的独立式电流互感器当中，实现保护用电流互感器功能的铁心通常与实现测量功能的铁心一起组成多铁心电流互感器。换言之，多铁心互感器具有保护用电流互感器的功能。在 110（66）kV 以下电压等级中，有如图 2-2 所示的零序电流互感器产品。

（2）从为继电保护装置提供信息信号的特征上划分，保护用电流互感器可分为提供稳态信号和提供暂态信号两大类。前者主要有 P 级保护用电流互感器、PR 级保护用电流互感器、PX 级保护用电流互感器和 PXR 级保护用电流互感器，后者主要有 TPX 级暂态特性保护用电流互感器、TPY 级暂态特性保护用电流互感器、TPZ 级暂态特性保护用电流互感器等。

（3）P 级电流互感器是按稳态磁通设计的。在暂态过程中，由于短路电流非周期分量的作用，使得非周期性磁通很大，致使铁心出现深度饱和，从而使其在暂态状态下的误差增大到不能容许的程度。而 TP 级电流互感器通过采取增大铁心截面、铁心设小气隙、减小二次负荷等手段，可使其在一定的电流范围及规定的时间内铁心不出现暂态饱和（励磁电感近似为常数）。

（4）对于差动保护来说，要求其被保护对象两端的电流互感器的变比和保护特性（尤其是暂态特性）匹配，以免保护误动。例如，简单的做法是选用同种类型、同一厂家、同一规格或技术参数、同一制造批次的产品。实际上，对于变比不完全匹配或在短路过程中两端电流互感器的饱和程度出现差异的情况，也可以从差动保护的制动系数的整定上进行考虑。

【延伸】

根据 DL/T 866—2015《电流互感器和电压互感器选择及计算规程》：

（1）3.4.2规定"保护用电流互感器配置应避免出现主保护的死区。互感器二次绕组分配应避免当一套保护停用时，出现被保护区内故障的保护动作死区"。

（2）3.4.6规定"双重化的两套保护应使用不同二次绕组，每套保护的主保护和后备保护应共用一个二次绕组"（作者注：每套保护的主保护和后备保护可以理解为是指主后一体化保护装置。对于单套配置的微机保护，当需要时，主保护与后备保护可分别引接一个二次绕组）。

（3）5.2.1规定"保护用电流互感器应选择具有适当特征和参数的互感器，同一组差动保护不应同时使用P级和TP级电流互感器"。

（4）6.1.2规定"为使发电机两侧差动保护用电流互感器励磁特性匹配，电流互感器应采用相同型号和相同参数"。

（5）在发电机变压器组电流互感器的选择方面，6.1.7规定"高压厂用变压器差动保护用电流互感器宜采用P级、PR级互感器；而其高压侧用于发电机组或主变压器差动保护用电流互感器特性应与发电机组主回路保护用电流互感器相同"。

（6）8.1.4规定"3kV～35kV系统电动机差动保护两侧电流互感器、变压器差动保护各侧电流互感器和馈线差动保护两侧电流互感器应具有相同或相近的励磁特性"。

2.25　P级保护用电流互感器 class P protective current transformer

定义　无剩磁通限值的保护用电流互感器，以复合误差在对称短路电流条件下规定其饱和特性。

【定义来源】　GB/T 2900.94—2015《电工术语　互感器》3.30条。

解析　本定义涵盖了GB 20840.2—2014《互感器　第2部分：电流互感器的补充技术要求》中的3.1.204"P级保护用电流互感器"的定义。

【延伸】

根据DL/T 866—2015《电流互感器和电压互感器选择及计算规程》：

（1）6.1.4规定"100MW级～200MW级发电机变压器组保护用电流互感器宜采用P级电流互感器，也可采用PR级电流互感器"。6.1.5规定"100MW以下发电机变压器组保护用的电流互感器宜采用 P 级互感器"。

（2）在发电机变压器组电流互感器的选择方面，6.1.6 规定"主变压器高压侧为中性点直接接地系统时，主变压器高压侧中性点零序电流保护用电流互感器宜采用 P 级电流互感器"。

（3）7.1.4 规定"发电厂启动/备用变压器差动保护各侧均宜采用 P 级、PR 级电流互感器"。

（4）7.1.5 规定"110（66）kV～220kV 系统保护用电流互感器宜采用 P 级互感器，也可采用 PR 级互感器"。

（5）7.1.7 规定"断路器失灵保护用电流互感器宜采用 P 级互感器"。

（6）7.1.8 规定"高压电抗器保护用电流互感器宜采用 P 级互感器"。

（7）7.1.9 规定"110（66）kV～220kV 变压器中性点零序电流保护用电流互感器宜采用 P 级互感器"。

（8）8.1.3 规定"3kV～35kV 系统保护用电流互感器宜采用 P 级电流互感器"。

2.26 PR 级保护用电流互感器 class PR protective current transformer

定义 具有剩磁通限值的保护用电流互感器，以复合误差在对称短路电流条件下规定其饱和特性。

【定义来源】 GB/T 2900.94—2015《电工术语 互感器》3.31 条。

解析 本定义涵盖了 GB 20840.2—2014《互感器 第 2 部分：电流互感器的补充技术要求》中的 3.1.205 "PR 级保护用电流互感器"的定义。

【延伸】

（1）鉴于目前国内 220kV 及以下电压等级的继电保护中基本使用 P 级电流互感器的现状，DL/T 866—2015《电流互感器和电压互感器选择及计算规程》的 5.2.2 规定"当对剩磁有要求时，220kV 及以下电流互感器可采用 PR 级电流互感器"。

（2）DL/T 866—2015《电流互感器和电压互感器选择及计算规程》的 5.4.1 规定"PR 级电流互感器剩磁系数应小于 10%，有些情况下应规定 T_s（作者注：二次回路时间常数）值以限制复合误差"。

2.27　复合误差 composite error

定义　在稳态下，当电流互感器一次和二次电流的正符号与接线端子标志的规定一致时，下列两个值之差的方均根值：

（1）一次电流瞬时值；

（2）二次电流瞬时值与额定变比的乘积。

该值除以相应一次电流方均根值即为复合误差，通常是以一次电流方均根值的百分数表示。

【定义来源】　GB/T 2900.94—2015《电工术语　互感器》3.32 条。

解析

（1）本定义涵盖了 GB 20840.2—2014《互感器　第 2 部分：电流互感器的补充技术要求》中的 3.4.203"复合误差"的定义，但 3.4.203 中多了表示"复合误差"的符号 ε_c 和公式。

（2）根据 GB 20840.2—2014《互感器　第 2 部分：电流互感器的补充技术要求》：

1）2D.4 指出"复合误差概念，最为重要的是应用在相量图表述已不合理的情况，那是因为非线性特性使励磁电流和二次电流出现了高次谐波""在一般情况下，复合误差亦代表了实际电流互感器与理想电流互感器的差别，原因是二次绕组中出现的高次谐波并不在一次中存在（本部分中总认为一次电流是正弦波）"。

2）2D.7 指出"复合误差的数值绝不会小于比值差（ε）和相位差（后者用厘弧表示）的相量和。因此，复合误差通常表示了比值差（ε）或相位差的最大可能值。在过电流继电器运行中，特别关注比值差（ε），而在相敏继电器（如方向继电器）的运行中，则特别关注相位差。在差动继电器的运行情况下，应考虑所用各电流互感器的复合误差的配合。限制复合误差还有另一个优点，即最终能限制二次电流中的谐波分量，这对于某些类型继电器的正确运行是必须的"。

（3）复合误差用于衡量 P 级或 PR 级保护用电流互感器的准确限值特性和测量用互感器的仪表保安特性。

【符号或公式】 GB 20840.2—2014《互感器　第 2 部分：电流互感器的补充技术要求》中的 3.4.203 "复合误差" ε_c 用一次电流方均根值的百分数表示为：

$$\varepsilon_c = \frac{\sqrt{\dfrac{1}{T}\int_0^T (k_r \times i_s - i_p)^2 \mathrm{d}t}}{I_p} \times 100\% \tag{2-1}$$

式中　k_r——额定变比；

$\quad\quad I_p$——一次电流方均根值；

$\quad\quad i_p$——一次电流瞬时值；

$\quad\quad i_s$——二次电流瞬时值；

$\quad\quad T$——一个周波的时间。

【延伸】

（1）如假定一、二次电流均为工频量（如果在计算条件下，铁心磁通密度控制在 1.6T 及以下，则可忽略励磁电流和二次电流中的高次谐波的影响），分别用 $\dot{I}_p$、$\dot{I}_s$ 表示，则式（2-1）变为 $\varepsilon_c = (|k_r \times \dot{I}_s - \dot{I}_p| / I_p) \times 100\%$，即复合误差可表示为比值差与相位差（厘弧）的相量和。

（2）当电网发生短路时，一次电流仍为工频量，电流互感器的铁心饱和，二次电流中会含有谐波、其工频分量表示为 $\dot{I}_{s1}$。此时有 $\sqrt{\dfrac{1}{T}\int_0^T (k_r \times i_s - i_p)^2 \mathrm{d}t} > |k_r \times \dot{I}_{s1} - \dot{I}_p|$，由此可知复合误差的数值绝不会小于比值差和相位差（厘弧）的相量和。

2.28　额定准确限值一次电流 rated accuracy limit primary current

定义　保护用电流互感器能满足复合误差要求的最大一次电流值。

【定义来源】　GB/T 2900.94—2015《电工术语　互感器》3.33 条。

解析

（1）本定义涵盖了 GB 20840.2—2014《互感器　第 2 部分：电流互感器的补充技术要求》中的 3.3.207 "额定准确限值一次电流" 的定义。

（2）额定准确限值一次电流用有效值表示。

2.29　准确限值系数 accuracy limit factor　（ALF）

定义　额定准确限值一次电流与额定一次电流的比值。

【定义来源】　GB/T 2900.94—2015《电工术语　互感器》3.34 条、GB 20840.2—2014《互感器　第 2 部分：电流互感器的补充技术要求》3.4.208 条。

解析

（1）准确限值系数是对保护用电流互感器而言的。GB 20840.2—2014《互感器　第 2 部分：电流互感器的补充技术要求》的 5.6.202 规定了 P 级保护用电流互感器和 PR 级保护用电流互感器的标准准确限值系数为 5、10、15、20、30。因此，额定准确限值一次电流和准确限值系数都是针对 P 级和 PR 级保护用电流互感器而言的。

（2）准确限值系数是由用户根据电网规划设计来确定的。产品铭牌上，常将保护用电流互感器的准确级与准确限值系数放在一起标注。例如 10P20 表示保护用电流互感器的准确级为 10P、准确限值系数为 20，即只要一次电流值不超过 20 倍额定一次电流，该互感器的复合误差就不会超过 10%。

（3）在实际使用中，对于一台给定的电流互感器（结构已经确定），如果实际负荷小于额定负荷，则该电流互感器能满足复合误差要求的最大一次电流值大于额定准确限值一次电流；反之，如果实际负荷大于额定负荷，则该电流互感器能满足复合误差要求的最大一次电流值小于额定准确限值一次电流。这是因为准确限值系数与电流互感器的负荷之间的关系取决于电流互感器的结构，与二次绕组电阻、额定磁密等参数有关。

（4）继电保护中常使用 10%（或 5%）倍数曲线，即当电流互感器的复合误差满足 10%（或 5%）时，一次电流与额定一次电流的比值与二次负荷阻抗的关系特性曲线，作为评估二次负荷或最大短路电流的参考。该曲线表明：在 10%（或 5%）复合误差允许范围内，一次电流和二次负荷是相互制约的，一次电流越大，允许的二次负荷就越小。当已知一次电流大小时，由 10%（或 5%）倍数曲线可以得出允许的二次负荷阻抗。如果该阻抗大于实际的二次负荷阻抗，就认为复合误差满足要求；否则，就需要设法降低实际的二次负荷阻抗以满足要求。当已知实际的二次负荷阻抗时，也可以由 10%（或 5%）倍数曲线求出相应的一次电流，与可能出现的最大短路电流相比较，判断是否满足误差要求。

【延伸】 对于配网用电流互感器，在实际使用中应尽量避免准确限值系数取值过大，否则会造成电流互感器的尺寸过大和成本偏高。从电流互感器制造角度，用于过流、速断、方向等保护的电流互感器的准确限值系数取 10，最大不超过 15；用于差动保护的电流互感器的准确限值系数取 15，最大不超过 20 较为合适。

2.30 二次极限电势 secondary limiting e. m. f

【定义】 准确限值系数（或者仪表保安系数）、额定二次电流以及额定负荷与二次绕组阻抗的矢量和这三者的乘积。

【定义来源】 GB/T 2900.94—2015《电工术语 互感器》3.35 条。

【解析】 GB 20840.2—2014《互感器 第 2 部分：电流互感器的补充技术要求》中的 3.4.206"测量用电流互感器二次极限电势"、3.4.209"保护用电流互感器二次极限电势"的定义是"二次极限电势"的具体化，定义的含义相同，且 3.4.206 和 3.4.209 中给出了计算公式，见式（2-2）、式（2-3）。

1）测量用电流互感器的二次极限电势 E_{FS}：

$$E_{FS} = FS \times I_{sr} \times \sqrt{(R_{ct} + R_b)^2 + X_b^2} \tag{2-2}$$

式中　FS——仪表保安系数；

I_{sr}——额定二次电流；

R_b——额定负荷的电阻部分；

X_b——额定负荷的电抗部分；

R_{ct}——二次绕组电阻。

此方法所得值高于实际值。如此选择是为了采用与保护用电流互感器相同的试验方法。具体试验方法可参见 GB 20840.2—2014《互感器 第 2 部分：电流互感器的补充技术要求》的 7.2.6.202 和 7.2.6.203。

2）P 级和 PR 级保护用电流互感器的二次极限电势 E_{ALF}：

$$E_{ALF} = ALF \times I_{sr} \times \sqrt{(R_{ct} + R_b)^2 + X_b^2} \tag{2-3}$$

式中　ALF——准确限值系数。

2.31 PX 级保护用电流互感器 class PX protective current transformer

定义 无剩磁通限值的低漏抗保护用电流互感器，当已知其二次励磁特性、二次绕组电阻、二次负荷电阻和匝数比时，便足以确定与其所接继电保护系统相关的性能。

【定义来源】 GB/T 2900.94—2015《电工术语 互感器》3.36 条。

解析 本定义与 GB 20840.2—2014《互感器 第 2 部分：电流互感器的补充技术要求》中的 3.1.206 "PX 级保护用电流互感器"的定义区别仅在于 3.1.206 中使用"无剩余磁通限值"，而不是"无剩磁通限值"。

【延伸】 PX 级保护用电流互感器可适用于 5P 和 10P 准确限值不适应的特殊场合，如对互感器变比和励磁特性有严格要求的高阻抗母线保护。PX 级保护用电流互感器国外常有应用，但国内较少采用。

2.32 PXR 级保护用电流互感器 class PXR protective current transformer

定义 具有剩磁通限值的低漏抗保护用电流互感器，当已知其二次励磁特性、二次绕组电阻、二次负荷电阻和匝数比时，便足以确定与其所接继电保护系统相关的性能。

【定义来源】 GB/T 2900.94—2015《电工术语 互感器》3.37 条、GB 20840.2—2014《互感器 第 2 部分：电流互感器的补充技术要求》3.1.207 条，定义选自 3.37，注选自 3.1.207。

【注】

(1) 当电流互感器一次电流中含有直流分量时，情况会比较复杂。因此，为了阻止电流互感器进入饱和，采用具有气隙的电流互感器，但性能与 PX 级相同。

(2) 降低剩磁的气隙并不一定会成为高漏抗电流互感器。

2.33 励磁特性 excitation characteristic

定义 当电流互感器的一次绕组和其他绕组开路时，施加于二次端子上的正弦波电压方均根值与励磁电流方均根值之间的关系，用曲线或表格列值表示。数据的涵盖范围应从低励磁值直到 1.1 倍拐点电势值。

【定义来源】　GB/T 2900.94—2015《电工术语　互感器》3.38 条、GB 20840.2—2014《互感器　第 2 部分：电流互感器的补充技术要求》3.4.214 条（综合改写：删除"足以确定"和"的励磁特性"）。

【延伸】

（1）为检验电流互感器铁心经退火处理后，其性能是否达到误差计算所用磁化曲线的要求，制造过程中应对铁心逐台检测，以保证产品出厂试验符合要求。检测方法是在被检测铁心上临时绕上较少匝数的励磁线圈和控制线圈，在励磁线圈中通入计算出的励磁电流，在控制线圈上测量感应电势。感应电势应等于或接近于计算值。

（2）某特高压 GIS 用 CT（额定一次电流 3000A 和 6000A，额定二次电流 1A）的励磁特性见表 2-1。其中，5P 级线圈的额定负荷为 15VA，准确限值系数为 25；TPY 级线圈的额定负荷为 10Ω，额定对称短路电流系数为 20。

表 2-1　　　　　　　　　　**特高压 GIS 用 CT 的励磁特性**

5P 级线圈——额定变比 3000/1（S1-S2 端子）					
I （A）	0.015	0.04	0.05	0.06	0.07	0.08
U （V）	700	1150	1170	1180	1190	1200

5P 级线圈——额定变比 6000/1（S1-S3 端子）					
I （A）	0.01	0.015	0.02	0.025	0.03	0.035
U （V）	1800	2200	2300	2350	2400	2420

TPY 级线圈——额定变比 3000/1（S1-S2 端子）				
I （A）	0.9	1	1.1	1.2	1.23
U （V）	11545	12605	13455	14101	14287

TPY 级线圈——额定变比 6000/1（S1-S3 端子）				
I （A）	0.4	0.45	0.5	0.55	0.6
U （V）	20961	23409	25589	27896	28813

2.34　励磁电流 exciting current

定义　电流互感器的一次绕组和其他绕组开路，以额定频率的正弦波电压施加于二次端子时，二次绕组所吸取的电流方均根值。

【定义来源】 GB/T 2900.94—2015《电工术语 互感器》3.39 条。

解析 本定义涵盖了 GB 20840.2—2014《互感器 第 2 部分：电流互感器的补充技术要求》中的 3.3.207 "励磁电流"的定义，但 3.3.207 指出励磁电流的符号为 I_e。

【符号或公式】 I_e

【延伸】 以某 500kV 套管电流互感器为例，其励磁电流如图 2-13 所示。

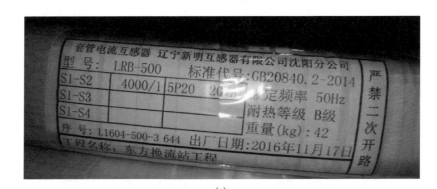

(a)

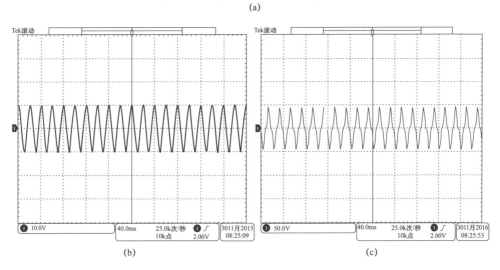

(b) (c)

图 2-13 励磁电流波形示例

（a）参数；（b）未饱和时的励磁电流；（c）饱和时的励磁电流

2.35　拐点电压 knee point voltage

定义　当电流互感器所有其他端子均开路时，施加于二次端子上的额定频率正弦波电压方均根值，该值增加10％时使励磁电流方均根值增加50％。

【定义来源】　GB/T 2900.94—2015《电工术语　互感器》3.40 条、GB 20840.2—2014《互感器　第2部分：电流互感器的补充技术要求》3.4.215 条。

【延伸】　表 2-1 中的 5P 级线圈在 3000/1 变比时的拐点电压为 1030V（相应的励磁电流 0.027A），该值增加 10％（1133V）时相应的励磁电流为 0.039A；在 6000/1 变比时的拐点电压为 2100V（相应的励磁电流 0.0148A），该值增加 10％（2320V）时相应的励磁电流为 0.0222A。

2.36　拐点电势 knee point e. m. f.

定义　电流互感器的额定频率电势，该值增加 10％时使励磁电流方均根值增加 50％。

【定义来源】　GB/T 2900.94—2015《电工术语　互感器》3.41 条、GB 20840.2—2014《互感器　第2部分：电流互感器的补充技术要求》3.4.216 条。

【注】　拐点电压能够施加到电流互感器的二次端子，而拐点电势则不能直接操作。拐点电压与拐点电势可认为数值相等，因为二次绕组电阻电压降的影响很小。

【延伸】　拐点电压与拐点电势的关系可用图 2-14 表示。图中，E 代表拐点电势；U 代表拐点电压；R_{ct} 代表二次绕组电阻。

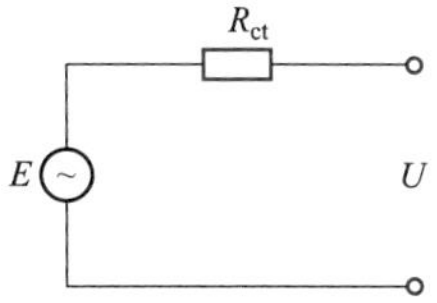

2.37　额定拐点电势 rated knee point e. m. f. E_k

定义　拐点电势的下限值。

【定义来源】　GB/T 2900.94—2015《电工术语

图 2-14　拐点电势与拐点电压的关系

互感器》3.42 条、GB 20840.2—2014《互感器　第2部分：电流互感器的补充技术要求》3.4.217 条（符号和注选自该术语）。

【注】 额定拐点电势列入 PX 级和 PXR 级保护用电流互感器的技术规范。可按式（2-4）计算：

$$E_k = K_x \times (R_{ct} + R_b) \times I_{sr} \qquad (2-4)$$

式中 K_x——计算系数。

2.38 匝数比误差 turns ratio error

定义 实际匝数比与额定匝数比之差，用额定匝数比的百分数表示。

【定义来源】 GB/T 2900.94—2015《电工术语 互感器》3.43 条、GB 20840.2—2014《互感器 第 2 部分：电流互感器的补充技术要求》3.4.219 条（符号来自该术语）。

【注】 额定匝数比为额定一次匝数与额定二次匝数之比。

解析

（1）额定匝数比与额定变比在电压互感器上两个值相等，而在电流互感器上则互为倒数。

（2）额定匝数比列入 PX 级和 PXR 级保护用电流互感器的技术规范。

（3）对于电流互感器，匝数比 1/600 表示一次匝数为 1 匝、二次匝数为 600 匝，2/600 表示一次匝数为 2 匝、二次匝数为 600 匝。

（4）GB 20840.2—2014《互感器 第 2 部分：电流互感器的补充技术要求》的 5.6.202.4 规定"对于 PX 级，其匝数比误差不应超过 ±0.25%。对于 PXR 级，其匝数比误差不应超过 ±1%"。

【符号或公式】 ε_t

2.39 计算系数 dimensioning factor

定义 此系数表示在电力系统故障条件下所出现的额定二次电流的倍数，包含安全裕度在内，达到该值时互感器应满足其性能要求。

【定义来源】 GB/T 2900.94—2015《电工术语 互感器》3.44 条。

解析 本定义与 GB 20840.2—2014《互感器 第 2 部分：电流互感器的补充技术要求》中的 3.4.220 "计算系数"的定义的含义相同，且 3.4.220 指出计

算系数的符号为 K_x。

【符号或公式】 K_x

2.40 TPX 级暂态特性保护用电流互感器 class TPX protective current transformer for transient performance

【定义】 无剩磁通限值的保护用电流互感器，以峰值瞬时误差在暂态短路电流条件及规定工作循环下规定其饱和特性。

【定义来源】 GB/T 2900.94—2015《电工术语　互感器》3.45 条。

【解析】 本定义涵盖了 GB 20840.2—2014《互感器　第 2 部分：电流互感器的补充技术要求》中的 3.1.208"TPX 级暂态特性保护用电流互感器"的定义。

【延伸】

（1）采用带气隙铁心，可以有效减小静态剩磁。气隙越大，剩磁越小（实验表明，对于冷轧硅钢片铁心，当气隙长度大于磁路平均长度的 1/1000 时，铁心中的剩磁可以认为等于零）。但是随着气隙的加大，互感器的励磁安匝增加，励磁电感减小，会使互感器的误差增大。故可根据不同级别互感器对暂态性能的不同要求分别考虑。

（2）GB 20840.2—2014《互感器　第 2 部分：电流互感器的补充技术要求》的 5.6.202.5.2 规定了暂态特性保护用电流互感器的剩磁系数要求为"TPX 级：无限值"。故不宜在其铁心中设置气隙。

（3）DL/T 866—2015《电流互感器和电压互感器选择及计算规程》的 5.2.5 规定"TPX 级电流互感器不宜用于线路重合闸"。

2.41 TPY 级暂态特性保护用电流互感器 class TPY protective current transformer for transient performance

【定义】 具有剩磁通限值的保护用电流互感器，以峰值瞬时误差在暂态短路电流条件及规定工作循环下规定其饱和特性。

【定义来源】 GB/T 2900.94—2015《电工术语　互感器》3.46 条。

【解析】 本定义涵盖了 GB 20840.2—2014《互感器　第 2 部分：电流互感器

的补充技术要求》中的 3.1.209 "TPY 级暂态特性保护用电流互感器"的定义。

【实物图片】 TPY 级暂态特性保护用电流互感器的铁心如图 2-15 所示。

(a)　　　　　　　　　　(b)

图 2-15　TPY 级暂态特性保护用电流互感器的铁心

（a）侧面；（b）正面

【延伸】

（1）GB 20840.2—2014《互感器　第 2 部分：电流互感器的补充技术要求》的 5.6.202.5.2 规定了暂态特性保护用电流互感器的剩磁系数要求为"TPY 级：$K_R \leqslant 10\%$（作者注：K_R 为剩磁系数）"。故其宜采用小气隙铁心。

（2）根据 DL/T 866—2015《电流互感器和电压互感器选择及计算规程》：

1）5.2.4 规定"TPY 级电流互感器不宜用于断路器失灵保护"。

2）6.1.3 规定"300MW～1000MW 级发电机变压器组差动保护用电流互感器宜采用 TPY 级电流互感器"。

3）7.1.2 规定"330kV～1000kV 系统线路保护用电流互感器宜采用 TPY 级互感器"。

4）7.1.3 规定"高压侧为 330kV～1000kV 主变压器、联络变压器及 1000kV 调压补偿变压器差动保护各侧宜采用 TPY 级电流互感器"。

5）7.1.6 规定"500kV～1000kV 系统母线保护宜采用 TPY 级互感器"。

2.42　TPZ 级暂态特性保护用电流互感器 class TPZ protective current transformer for transient performance

定义　具有二次时间常数规定值的保护用电流互感器，以峰值交流分量误差在暂态短路电流条件下规定其饱和特性。

【定义来源】　GB/T 2900.94—2015《电工术语　互感器》3.47 条。

【延伸】

（1）GB 20840.2—2014《互感器　第 2 部分：电流互感器的补充技术要求》的 5.6.202.5.2 规定了暂态特性保护用电流互感器的剩磁系数要求为"TPZ 级：$K_R \leqslant 10\%$（作者注：K_R 为剩磁系数）"，并且指出"对于 TPZ 级铁心，由于其结构设计上已是剩磁系数远小于 10%，因此，剩磁通可以忽略"。这一"剩磁通可以忽略"的性能要求可采用较大气隙铁心来实现。

（2）DL/T 866—2015《电流互感器和电压互感器选择及计算规程》的 5.2.6 规定"TPZ 级电流互感器不宜用于主设备保护和断路器失灵保护"。

2.43　暂态一次短路电流 primary short circuit current in transient condition

定义　暂态下通过电流互感器的一次短路电流，它包含交流分量（正弦波）电流和直流分量（指数衰减）电流。

【定义来源】　GB/T 2900.94—2015《电工术语　互感器》3.48 条。

解析　暂态一次短路电流可表示为：

$$
\begin{cases}
i(t) = i_{AC}(t) + i_{DC}(t) \\
i_{AC}(t) = -\sqrt{2}\,I_{psc}\cos(\omega t + \theta) \\
i_{DC}(t) = \sqrt{2}\,I_{psc}\,\mathrm{e}^{-t/T_p}\cos\theta
\end{cases}
\tag{2-5}
$$

式中　$i_{AC}(t)$——交流分量；

　　　$i_{DC}(t)$——直流分量；

　　　I_{psc}——额定一次短路电流；

　　　ω——工频角速度；

　　　θ——短路初始时电流与电压的夹角；

　　　$\cos\theta$——暂态一次短路电流的偏移度；

　　　T_p——一次时间常数。

2.44　一次时间常数 primary time constant

定义　暂态一次短路电流直流分量的时间常数，其规定值（或额定值）为电流互感器暂态性能的依据。

【定义来源】 GB/T 2900.94—2015《电工术语　互感器》3.49 条。

解析　本定义涵盖了 GB 20840.2—2014《互感器　第 2 部分：电流互感器的补充技术要求》中的 3.4.225"规定的一次时间常数（specified primary time constant)"的定义，且 3.4.225 中指出规定的一次时间常数的符号为 T_p 以及图 2-16。

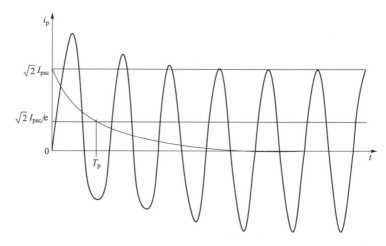

图 2-16　一次时间常数

【符号或公式】 T_p

【延伸】

(1) 根据 DL/T 866—2015《电流互感器和电压互感器选择及计算规程》：

1) 5.3.2 对 TPX 级、TPY 级、TPZ 级电流互感器做出规定"额定一次时间常数标准值为 40、60、80、100ms 和 120ms。大型发电机组回路时间常数应采用更高数值。一次时间常数应由该短路支路的电感与电阻之比确定"。

2) 6.2.5 对发电机变压器组差动保护用电流互感器的一次时间常数做出规定：可根据制造部门提供的参数进行计算，当制造厂没有数据时，可采用国产 100～200MW 发电机变压器组为 140～220ms，国产 300～600MW 发电机变压器组为 264ms，国产 1000MW 发电机变压器组为 350ms 的参数。

3) 7.2.7 对 330～1000kV 系统的保护用电流互感器的暂态性能参数做出规定并指出：工程中如缺乏实际资料，TPY 级互感器的一次时间常数可按 220～330kV 系统约为 60ms、500～750kV 系统约为 100ms、1000kV 系统约为 120ms 的规定取值。

4）10.3.5 规定"对于多个电源的一次时间常数计算，当电网母线具有多个不同时间常数的电源时，可假定各电源供给独立的、具有各自直流偏移量和衰减时间常数（作者注：即一次时间常数）的短路电流。对规定的工作循环，在电流互感器中，由各单独电流产生的磁通可用其相应的感应电动势值表示。这些值的总和代表对电流互感器总磁通的要求。为了简化，假设各正弦电流相位相同。初步计算时，也可将各支路的一次时间常数按各支路短路电流加权平均，作为等效一次时间常数用于计算"。

（2）根据《国家电网公司输变电工程通用设备 110（66）～750kV 智能变电站一次设备（2012 年版）》，一次回路时间常数 T_p 需根据系统实际情况确定。对于 500kV 油浸倒立式和 SF_6 倒立式电流互感器、330kV 油浸倒立式和 SF_6 倒立式电流互感器通常有 $T_p = 100ms$；对于 220kV 油浸（正立/倒立式）电流互感器和 SF_6 倒立式电流互感器通常有 $T_p = 60ms$。

2.45 额定一次短路电流 rated primary short-circuit current

定义 暂态一次短路电流的交流分量方均根值，为电流互感器暂态特性准确度性能的基准。

【定义来源】 GB/T 2900.94—2015《电工术语 互感器》3.50 条、GB 20840.2—2014《互感器 第 2 部分：电流互感器的补充技术要求》3.3.206 条（符号和注来自该术语）。

【注】 额定短时热电流关联到发热限值，额定一次短路电流关联到准确度限值，通常额定一次短路电流小于额定短时热电流。

【符号或公式】 I_{psc}

2.46 额定对称短路电流系数 rated symmetrical short-circuit current factor

定义 额定一次短路电流与额定一次电流的比值。

【定义来源】 GB/T 2900.94—2015《电工术语 互感器》3.51 条。

解析 本定义与 GB 20840.2—2014《互感器 第 2 部分：电流互感器的补充技术要求》中的 3.4.232 "额定对称短路电流倍数"的定义的含义相同，且

3.4.232 指出额定对称短路电流倍数的符号为 K_{ssc} 以及计算公式。

【符号或公式】 引自 GB 20840.2—2014《互感器 第 2 部分：电流互感器的补充技术要求》中的 3.4.232

$$K_{ssc} = I_{psc} / I_{pr} \tag{2-6}$$

【延伸】《国家电网公司输变电工程通用设备 110（66）～750kV 智能变电站一次设备（2012 年版）》指出"额定对称短路电流系数（作者注：原文为对称短路电流倍数）需根据系统实际情况确定"。

2.47 瞬时误差电流 instantaneous error current

定义 二次电流瞬时值和额定变比之乘积与一次电流瞬时值的差值。

【定义来源】 GB/T 2900.94—2015《电工术语 互感器》3.52 条。

【注】 当一次和二次电流中同时存在交流分量电流和直流分量电流时，应按定义分别表示构成的各分量误差电流。

解析 本定义与 GB 20840.2—2014《互感器 第 2 部分：电流互感器的补充技术要求》中的 3.4.221 "瞬时误差电流"的定义的含义相同，但 3.4.221 中包含了公式，且指出瞬时误差电流的符号为 i_{ε}。

【符号或公式】 GB 20840.2—2014《互感器 第 2 部分：电流互感器的补充技术要求》中的 3.4.221 "瞬时误差电流" i_{ε} 表示为：

$$\begin{cases} i_{\varepsilon} = k_r \times i_s - i_p \\ i_{\varepsilon} = i_{\varepsilon ac} + i_{\varepsilon dc} = (k_r \times i_{sac} - i_{pac}) + (k_r \times i_{sdc} - i_{pdc}) \end{cases} \tag{2-7}$$

式中 k_r——额定变比；

$i_{\varepsilon ac}$、$i_{\varepsilon dc}$——瞬时误差电流的交流分量和直流分量；

$\quad i_p$——一次电流瞬时值（其交、直流分量分别为 i_{pac}、i_{pdc}）；

$\quad i_s$——二次电流瞬时值（其交、直流分量分别为 i_{sac}、i_{sdc}）。

2.48 峰值瞬时误差 peak instantaneous error

定义 在规定工作循环中的瞬时误差电流的峰值（极大值），表示为额定一次短路电流峰值的百分数。

【定义来源】 GB/T 2900.94—2015《电工术语 互感器》3.53 条。

解析 本定义与 GB 20840.2—2014《互感器 第 2 部分：电流互感器的补充技术要求》中的 3.4.222 "峰值瞬时误差"的定义的含义相同，但 3.4.222 中包含了公式，且指出峰值瞬时误差的符号为 $\hat{\varepsilon}$。

【符号或公式】 GB 20840.2—2014《互感器 第 2 部分：电流互感器的补充技术要求》中的 3.4.222 "峰值瞬时误差" $\hat{\varepsilon}$ 表示为：

$$\hat{\varepsilon} = \frac{\hat{i}_{\varepsilon}}{\sqrt{2} I_{psc}} \times 100\% \tag{2-8}$$

式中 $\hat{i}_{\varepsilon}$——瞬时误差电流的峰值；

I_{psc}——额定一次短路电流。

【延伸】 GB 20840.2—2014《互感器 第 2 部分：电流互感器的补充技术要求》的 5.6.202.5.1 规定了 TPX 级、TPY 级和 TPZ 级电流互感器的误差限值。其中包括峰值瞬时误差（对 TPX 级和 TPY 级）的限值，见表 1-9。

2.49 峰值交流分量误差 peak value of alternating error current

定义 瞬时误差电流的交流分量峰值，表示为额定一次短路电流峰值的百分数。

【定义来源】 GB/T 2900.94—2015《电工术语 互感器》3.54 条。

解析 本定义与 GB 20840.2—2014《互感器 第 2 部分：电流互感器的补充技术要求》中的 3.4.223 "峰值交流分量误差"的定义（英文对应词为 peak value of alternating error component）的含义相同，但 3.4.223 中包含了公式，且指出峰值交流分量误差的符号为 $\hat{\varepsilon}_{ac}$。

【符号或公式】 GB 20840.2—2014《互感器 第 2 部分：电流互感器的补充技术要求》中的 3.4.223 "峰值交流分量误差" $\hat{\varepsilon}_{ac}$ 表示为：

$$\hat{\varepsilon}_{ac} = \frac{\hat{i}_{\varepsilon ac}}{\sqrt{2} I_{psc}} \times 100\% \tag{2-9}$$

式中 $\hat{i}_{\varepsilon ac}$——瞬时误差电流的交流分量峰值；

I_{psc}——额定一次短路电流。

【延伸】 GB 20840.2—2014《互感器 第 2 部分：电流互感器的补充技术要求》的 5.6.202.5.1 规定了 TPX 级、TPY 级和 TPZ 级电流互感器的误差限值。

其中包括峰值交流分量误差（对 TPZ 级）的限值，见表 1-9。

2.50　工作循环 duty cycle

定义　工作循环为 C-O（合-分）或 C-O-C-O（合-分-合-分），表示单次通过或双次通过故障电流的时间制式，在其每个通电期间，通过的一次短路电流假定皆为"全偏移"电流，且极性相同。

【定义来源】　GB/T 2900.94—2015《电工术语　互感器》3.55 条。

【注】　"全偏移"电流为最不利状态的暂态一次短路电流，其直流分量电流的初始值与交流分量电流的峰值相等。

解析　本定义与 GB 20840.2—2014《互感器　第 2 部分：电流互感器的补充技术要求》中的 3.4.224 "规定的工作循环（C-O 和/或 C-O-C-O）Specified duty cycle（C-O and/or C-O-C-O）"的定义的含义相同，但 3.4.224 中有工作循环的波形图（见图 2-17）。

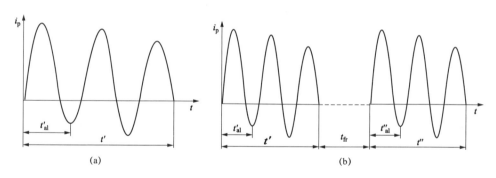

图 2-17　工作循环

(a) C-O；(b) C-O-C-O

【延伸】　对于 C-O，故障电流只单次通过电流互感器，进行单次励磁。对于 C-O-C-O，电流互感器必须考虑重复励磁。当电路切断后，普通铁心的磁通不会在短时间内立即降到零，而是逐渐衰减的。在第一次跳闸切断电路到重合闸重新将断路器合上的短时间内，或在大型变压器空载合闸后，铁心中会保留一定的剩磁（称为静态剩磁，磁通密度可根据所用材料的对称磁滞回线确定）。实验证明，冷轧硅钢片闭合环形铁心的剩磁密度可达 1T 或更高。如果新建立的磁通与剩磁的极性相同，铁心会更快饱和，误差急剧增加。因此对用于 C-O-C-O 场合的电流互感器，必须使其铁心的剩磁快速下降，以保证重合闸后铁心不会饱和。采用具有气隙的铁心是使剩磁快速下降的有效方法，且其截面放大倍数小于无气隙铁心、能够节省材料。

2.50.1 第一次故障持续时间 duration of the first fault

【定义】 C-O 工作循环的故障持续时间，或 C-O-C-O 工作循环的第一次故障持续时间。

【定义来源】 GB/T 2900.94—2015《电工术语　互感器》3.55.1 条、GB 20840.2—2014《互感器　第 2 部分：电流互感器的补充技术要求》3.4.226 条（符号来自该术语）。

【符号或公式】 t'

【延伸】《国家电网公司输变电工程通用设备 110（66）～750kV 智能变电站一次设备（2012 年版）》指出：500kV 油浸倒立式和 SF$_6$ 倒立式电流互感器、330kV 油浸倒立式和 SF$_6$ 倒立式电流互感器、220kV 油浸（正立/倒立式）电流互感器和 SF$_6$ 倒立式电流互感器的 t' 需根据系统实际情况确定，对于 C-O-C-O 通常有 $t'=100\text{ms}$。

2.50.2 第二次故障持续时间 duration of the second fault

【定义】 C-O-C-O 工作循环的第二次故障持续时间。

【定义来源】 GB/T 2900.94—2015《电工术语　互感器》3.55.2 条、GB 20840.2—2014《互感器　第 2 部分：电流互感器的补充技术要求》3.4.227 条（符号来自该术语）。

【符号或公式】 t''

【延伸】《国家电网公司输变电工程通用设备　110（66）～750kV 智能变电站一次设备（2012 年版）》指出：500kV 油浸倒立式和 SF$_6$ 倒立式电流互感器、330kV 油浸倒立式和 SF$_6$ 倒立式电流互感器、220kV 油浸（正立/倒立式）电流互感器和 SF$_6$ 倒立式电流互感器的 t'' 需根据系统实际情况确定，通常有 $t''=50\text{ms}$。

2.50.3 第一次故障的准确限值规定时间 specified time to accuracy limit in the first fault

【定义】 在 C-O 工作循环，或 C-O-C-O 工作循环的第一次通电期间，其中应保持规定准确度的时间。

【定义来源】 GB/T 2900.94—2015《电工术语　互感器》3.55.3 条、GB 20840.2—2014《互感器　第 2 部分：电流互感器的补充技术要求》3.4.228 条（符号和注来自该术语）。

【注】 此时间段通常由所关联保护系统的临界测量时间限定。

【符号或公式】 t'_{al}

【延伸】《国家电网公司输变电工程通用设备 110（66）～750kV 智能变电站一次设备（2012 年版）》指出：500kV 油浸倒立式和 SF_6 倒立式电流互感器、330kV 油浸倒立式和 SF_6 倒立式电流互感器、220kV 油浸（正立/倒立式）电流互感器和 SF_6 倒立式电流互感器的 t'_{al} 需根据系统实际情况确定，通常有 $t'_{al}=100ms$。

2.50.4　第二次故障的准确限值规定时间 specified time to accuracy limit in the second fault

定义　在 C-O-C-O 工作循环的第二次通电期间，其中应保持规定准确度的时间。

【定义来源】 GB/T 2900.94—2015《电工术语　互感器》3.55.4 条、GB 20840.2—2014《互感器　第 2 部分：电流互感器的补充技术要求》3.4.229 条（符号和注来自该术语）。

【注】 此时间段通常由所关联保护系统的临界测量时间限定。

【符号或公式】 t''_{al}

【延伸】《国家电网公司输变电工程通用设备 110（66）～750kV 智能变电站一次设备（2012 年版）》指出：500kV 油浸倒立式和 SF_6 倒立式电流互感器、330kV 油浸倒立式和 SF_6 倒立式电流互感器、220kV 油浸（正立/倒立式）电流互感器和 SF_6 倒立式电流互感器的 t''_{al} 需根据系统实际情况确定，通常有 $t''_{al}=40ms$。

2.50.5　故障重现时间（或无电流时间）fault repetition time (or dead time)

定义　在断路器自动重合闸的工作循环中，当故障未能成功清除时，其一次短路电流从切断到再次出现的间隔时间。

【定义来源】 GB/T 2900.94—2015《电工术语　互感器》3.55.5 条。

解析　本定义涵盖了 GB 20840.2—2014《互感器　第 2 部分：电流互感器

的补充技术要求》中的 3.4.230 "故障重现时间"的定义，但 3.4.230 指出故障重现时间的符号为 t_{fr}。

【符号或公式】 t_{fr}

【延伸】《国家电网公司输变电工程通用设备 110（66）～750kV 智能变电站一次设备（2012 年版）》指出：500kV 油浸倒立式和 SF_6 倒立式电流互感器、330kV 油浸倒立式和 SF_6 倒立式电流互感器、220kV 油浸（正立/倒立式）电流互感器和 SF_6 倒立式电流互感器的 t_{fr} 需根据系统实际情况确定，通常有 $t_{fr} =$ 300～500ms。

2.51 饱和磁通 saturation flux

定义 电流互感器二次匝链磁通的最高值，对应于铁心材料的磁饱和。

【定义来源】 GB/T 2900.94—2015《电工术语 互感器》3.56 条、GB 20840.2—2014《互感器 第 2 部分：电流互感器的补充技术要求》3.4.210 条（符号和注选自该术语）。

【注】

（1）确定饱和磁通最适当的方法是 GB 20840.2—2014《互感器 第 2 部分：电流互感器的补充技术要求》中 2E.2.3 所述的直流饱和法。

（2）在以前的 GB 16847—1997《保护用电流互感器暂态特性技术要求》中，Ψ_s 定义为拐点值，它表征铁心由非饱和状态向饱和状态的转变。该定义因饱和值太低而不被认可，并引起误解和矛盾。因此，更换为 Ψ_{sat}，定义为完全饱和状态。

【符号或公式】 Ψ_{sat}

2.52 剩磁通 remanent flux

定义 铁心在切断励磁电流 3 min 之后剩余的二次匝链磁通，此励磁电流应大到足以产生饱和磁通。

【定义来源】 GB/T 2900.94—2015《电工术语 互感器》3.57 条、GB 20840.2—2014《互感器 第 2 部分：电流互感器的补充技术要求》3.4.211 条（符号来自该术语）。

【符号或公式】 Ψ_r

2.53 剩磁系数 remanence factor

定义 剩磁通与饱和磁通的比值，用百分数表示。

【定义来源】 GB/T 2900.94—2015《电工术语　互感器》3.58 条、GB 20840.2—2014《互感器　第 2 部分：电流互感器的补充技术要求》3.4.212 条（符号来自该术语）。

解析

根据 GB 20840.2—2014《互感器　第 2 部分：电流互感器的补充技术要求》：

1）5.6.202.3.5 规定"PR 级保护用电流互感器的剩磁系数不应超过 10%"，并指出"铁心磁路中插入一个或多个气隙可作为限制剩磁系数的方法"。

2）5.6.202.4 规定"对于 PXR 级，其剩磁系数不应超过 10%"，同时指出"为保证剩磁系数不大于 10%，PXR 级电流互感器可以包含气隙""对于低安匝的 PXR 级大型铁心，剩磁系数要求可能难以满足。在此情况下，剩磁系数大于 10% 是可能接受的"。

3）5.6.202.5.2 规定了暂态特性保护用电流互感器的剩磁系数要求为"TPX 级：无限值""TPY 级：$K_R \leq 10\%$""TPZ 级：$K_R \leq 10\%$"。并且指出"对于 TPZ 级铁心，由于其结构设计上已是剩磁系数远小于 10%，因此，剩磁通可以忽略"。

【符号或公式】 K_R

2.54 额定电阻性负荷 rated resistive burden

定义 二次所接的电阻性负荷的额定值，单位为欧姆。

【定义来源】 GB/T 2900.94—2015《电工术语　互感器》3.59 条。

解析 本定义涵盖了 GB 20840.2—2014《互感器　第 2 部分：电流互感器的补充技术要求》中的 3.4.201"额定电阻性负荷"的定义，但 3.4.201 指出额定电阻性负荷的符号为 R_b。

【符号或公式】 R_b

【延伸】

（1）GB 20840.2—2014《互感器　第 2 部分：电流互感器的补充技术要求》的 5.5.202 规定了额定电阻性负荷值。

1）TPX 级、TPY 级和 TPZ 级电流互感器，以欧姆表示的额定电阻性负荷标准值为 0.5、1、2Ω 和 5Ω。有下标线者为优先值。所列数值依据的额定二次电流为 1A。对于额定二次电流不是 1A 的电流互感器，上述值应按电流平方的反比进行换算。

2）对于给定的一台互感器，如果它的额定电阻性负荷值之一是标准值并符合一个标准的准确级，则其余的额定电阻性负荷可以规定为非标准值，但要求符合另一个标准的准确级。

（2）DL/T 866—2015《电流互感器和电压互感器选择及计算规程》的 3.3.2 给出了额定输出值的选择原则，规定"TPX 级、TPY 级、TPZ 级电流互感器额定电阻性负荷值以 Ω 表示。额定电阻性负荷标准值宜采用 0.5、1、2、5、7.5、10Ω"。

2.55　二次绕组电阻 secondary winding resistive

定义　实际二次绕组的直流电阻，单位为欧姆，校正到 75℃ 或可能规定的其他温度。

【定义来源】　GB/T 2900.94—2015《电工术语　互感器》3.60 条。

解析　本定义涵盖了 GB 20840.2—2014《互感器　第 2 部分：电流互感器的补充技术要求》中的 3.4.202 "二次绕组电阻"的定义，但 3.4.202 指出二次绕组电阻的符号为 R_{ct}。

【符号或公式】　R_{ct}

【延伸】

（1）二次绕组电阻的计算可使用导线电阻的计算公式：

$$R_{ct} = \rho \frac{L}{S} \tag{2-10}$$

式中　ρ——导线电阻率，20℃ 时铜的电阻率为 0.01851mm² · Ω/m；

　　　L——导线长度，m；

　　　S——导线截面积，mm²。

（2）对于电流互感器的二次绕组电阻计算，需选用不同数值的 ρ。在误差计算中使用 60℃时的导线电阻率（铜导线为 $0.02\ \text{mm}^2 \cdot \Omega/\text{m}$），在准确限值系数及仪表保安系数计算中使用 75℃时的导线电阻率（铜导线为 $0.02135\ \text{mm}^2 \cdot \Omega/\text{m}$）。

（3）二次回路的总电阻 $R_\text{s} = R_\text{ct} + R_\text{b}$。

（4）互感器测量或保护绕组所在二次回路的阻抗 Z_b 与二次接线导线、测量或保护装置的输入阻抗以及接线方式有关，见式（2-11）：

$$Z_\text{b} = \sum_1^k K_\text{nc} Z_\text{n} + K_\text{Lc} Z_\text{l} + R_\text{c}\,(k = 1, 2, 3, \cdots) \tag{2-11}$$

式中　Z_n——二次输入阻抗、对微机保护可仅计及电阻，Ω；

　　　K_nc——二次设备的阻抗换算系数；

　　　Z_l——连接线的单程阻抗、一般可忽略电抗、仅计及电阻，Ω；

　　　K_Lc——连接线的阻抗换算系数；

　　　R_c——接触电阻、一般为 $0.05 \sim 0.1\Omega$。

K_nc 及 K_Lc 需要根据具体的接线方式选取，可参见 DL/T 866—2015《电流互感器和电压互感器选择及计算规程》。

2.56　二次回路时间常数 secondary loop time constant

定义　二次回路总电感（励磁电感和漏电感之和）与二次回路总电阻的比值，简称二次时间常数。

【定义来源】　GB/T 2900.94—2015《电工术语　互感器》3.61 条（改写）。

解析　本定义涵盖了 GB 20840.2—2014《互感器　第 2 部分：电流互感器的补充技术要求》中的 3.4.213 "二次回路时间常数" 的定义，但 3.4.213 指出二次回路时间常数的符号为 T_s。

【符号或公式】　T_s

【延伸】　在发电机变压器组差动保护用电流互感器暂态性能参数选择时，DL/T 866—2015《电流互感器和电压互感器选择及计算规程》的 6.2.5 规定 "二次回路时间常数应由互感器制造部门根据稳态短路电流、一次时间常数、规定工作循环和允许暂态误差等因素优化确定。当无厂家资料时，二次回路时间常数初始值可取 2s"。

2.57 暂态系数 transient factor

【定义】　在工作循环中，规定时间点的二次匝链磁通与其交流分量峰值的比值。

【定义来源】　GB/T 2900.94—2015《电工术语　互感器》3.62 条（改写：强调了交流分量的峰值）、GB 20840.2—2014《互感器　第 2 部分：电流互感器的补充技术要求》3.4.233 条（符号和注来自该术语）。

【注】

（1）K_{tf} 的分析计算按照依据 T_p（作者注：一次时间常数）、T_s（作者注：二次回路时间常数）和工作循环及故障初始角的不同公式。K_{tf} 的确定详见 GB 20840.2—2014《互感器　第 2 部分：电流互感器的补充技术要求》的 2E.1。

（2）图 2-18 表示不同故障初始角 γ 的二次匝链磁通可能的波形。

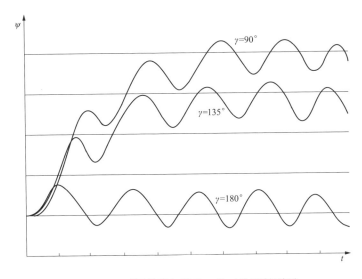

图 2-18　不同故障初始角 γ 的二次匝链磁通

【解析】　在暂态过程中，暂态磁通比稳态磁通大很多倍。为了防止铁心出现暂态饱和，需放大其尺寸，因此需计算暂态系数。对应于规定的工作循环铁心增大的面积倍数，称为暂态面积系数。

【符号或公式】　K_{tf}

2.58 暂态面积系数 transient dimensioning factor

定义　对一次短路电流直流分量引起二次匝链磁通增加所考虑的尺寸设计系数。

【定义来源】　GB/T 2900.94—2015《电工术语　互感器》3.63条。

【注】　暂态系数定义为时间函数，而暂态面积系数是确定的设计参数，其取值依据继电器对电流互感器的要求，或者依据暂态系数曲线中最不利的情况。

解析

（1）与 GB 20840.2—2014《互感器　第 2 部分：电流互感器的补充技术要求》中的 3.4.234 "暂态面积系数" 的定义的含义相同，只是写法上有区别，且 3.4.234 中指出暂态面积系数的符号为 K_{td}。

（2）暂态系数曲线中最不利的情况参见 GB 20840.2—2014《互感器　第 2 部分：电流互感器的补充技术要求》的 2E.1。

【符号或公式】　K_{td}

2.59 额定等效极限二次电势 rated equivalent limiting secondary e. m. f

定义　满足规定工作循环要求的额定频率下的等效二次电势方均根值：

$$E_{al} = K_{ssc} \times K_{td} \times (R_{ct} + R_b) \times I_{sr} \tag{2-12}$$

式中　K_{ssc}——额定对称短路电流系数；

　　　K_{td}——暂态面积系数；

　　　R_{ct}——二次绕组电阻；

　　　R_b——额定电阻性负荷；

　　　I_{sr}——额定二次电流。

【定义来源】　GB 20840.2—2014《互感器　第 2 部分：电流互感器的补充技术要求》3.4.237条。

【符号或公式】　E_{al}

2.60 低漏抗电流互感器 low leakage reactance current transformer

定义 根据（一次开路时）在二次端子测得的参数便足以估算出满足所要求准确限值保护特性的电流互感器。

【定义来源】 GB/T 2900.94—2015《电工术语 互感器》3.64 条。

解析 本定义与 GB 20840.2—2014《互感器 第 2 部分：电流互感器的补充技术要求》中的 3.4.235 "低漏抗电流互感器"的定义的含义相同，仅一处文字上有差异：3.4.235 使用"根据"，而不是"依据"。

【延伸】

（1）GB 20840.2—2014《互感器 第 2 部分：电流互感器的补充技术要求》的附录 2C 规范了低漏抗电流互感器的验证，指出其特征：电流互感器具有实际上连续的环形铁心，且气隙均匀分布（如果有）；二次绕组均匀分布；一次导体位于对称中心处；箱体外邻近导体和邻相导体的影响可以忽略。

（2）倒立式电流互感器具有低漏抗电流互感器的特征。

（3）GB 20840.2—2014《互感器 第 2 部分：电流互感器的补充技术要求》的附录 2C 进一步指出：

1）如果依据图样表明结构符合低漏抗要求不能使制造方和用户相互满意，则应对直接法试验和间接法试验的结果作比较。

2）对于 TPX 级、TPY 级和 TPZ 级电流互感器，应测定结构系数 F_c。如果 F_c 小于 1.1，则电流互感器应被认为是低漏抗型电流互感器。

3）对于所有其他的保护级，应比较直接法试验和间接法试验所得满匝绕组的复合误差。如果直接法所得的复合误差值小于间接法所得的复合误差值的 1.1 倍，则认为低漏抗结构已经得到验证。

（4）GB 20840.2—2014《互感器 第 2 部分：电流互感器的补充技术要求》的附录 2C 的注 201 指出：低漏抗电流互感器所指不是全能的，仅涉及其保护性能，例如保护级。

2.61 高漏抗电流互感器 high leakage reactance current transformer

定义 不满足低漏抗要求的电流互感器，对此，制造方要附加额外留量，以考虑漏磁通增加的影响因素。

【定义来源】 GB/T 2900.94—2015《电工术语 互感器》3.65 条。

解析 本定义与 GB 20840.2—2014《互感器 第 2 部分：电流互感器的补充技术要求》中的 3.4.236"高漏抗电流互感器"的定义的含义相同，仅写法上有区别。

2.62 结构系数 factor of construction

定义 表明电流互感器在准确限值条件下直接法试验与间接法试验测量结果的可能差异的系数。

【定义来源】 GB/T 2900.94—2015《电工术语 互感器》3.66 条。

解析

（1）本定义涵盖了 GB 20840.2—2014《互感器 第 2 部分：电流互感器的补充技术要求》的 3.4.239"结构系数"的定义，仅写法上有区别，但 3.4.239 指出表示结构系数的符号为 F_c。

（2）测量程序详见 GB 20840.2—2014《互感器 第 2 部分：电流互感器的补充技术要求》的 2E.3.3。

【符号或公式】 F_c

2.63 绝缘热稳定性 dielectric thermal stability

定义 表示用有机材料作主绝缘的高压电流互感器，在额定工作条件下的长期运行中，不会发生绝缘的热击穿的一种电气特性。

【定义来源】 GB/T 2900.94—2015《电工术语 互感器》3.67 条。

【注】 为判明设备的绝缘热稳定性所进行的试验称为绝缘热稳定试验。

2.64 主【电容】屏 main capacitor screen

定义 电流互感器主绝缘中用以调整、改善电场的电屏。

【定义来源】 GB/T 2900.94—2015《电工术语 互感器》3.68 条。

解析

（1）为了充分利用材料的绝缘特性，电容型绝缘结构的电流互感器会在绝缘内设置导电或半导电的电屏。这些电屏又称为主（电容）屏，把油纸绝缘分为很多绝缘层，每一对电屏连同绝缘层就是一个电容器。为了保证电压在电屏之间均匀分布，应使每对电屏间的电容量基本相同。

（2）对于正立式电流互感器，最内层的电屏与一次绕组高压作电气连接，称为零屏；最外层的电屏接地，称为末屏或地屏。倒立式电流互感器则相反，最外层电屏接高电压，最内层电屏接地。

2.64.1　端环 end ring

定义　在主电容屏端部设置的环，用以改善主电容屏端部的电场。

【定义来源】　GB/T 2900.94—2015《电工术语　互感器》3.68.1 条。

2.64.2　端屏 end screen

定义　在两个主电容屏之间的端部处设置的电屏，用以改善主电容屏端部的电场。

【定义来源】　GB/T 2900.94—2015《电工术语　互感器》3.68.2 条。

解析

（1）对于电容型绝缘结构的电流互感器，其端部电场极不均匀，端屏就是为了改善电场分布而设置的。

（2）增加端屏长度或减小端屏梯差，可以改善端屏间电压不均匀程度。由于端屏系统电压分布不均匀，一部分端屏间绝缘上作用的电压较高，故应局部加强绝缘，以提高设备局部放电起始放电电压。

电压互感器术语

3.1 电磁式电压互感器 inductive voltage transformer

定义 通过电磁感应将一次电压按比例变换成二次电压的电压互感器。这种互感器不附加其他改变一次电压的电气元件（如电容器）。

【定义来源】 GB/T 2900.94—2015《电工术语 互感器》4.1 条。

解析

（1）GB 20840.3—2013《互感器 第 3 部分：电磁式电压互感器的补充技术要求》中的 3.1.301.1"电磁式电压互感器"的定义为"一种通过电磁感应将一次电压按比例变换成二次电压的电压互感器。这种互感器不附加其他改变一次电压的电气元件（如电容器）"。

（2）电磁式电压互感器的负荷（如仪表和继电器等）阻抗很大且比较恒定，因此二次负荷电流小。

（3）电磁式电压互感器的容量很小，接近于变压器空载运行情况，运行中其一次电压不受二次负荷的影响，二次电压在正常使用条件下实质上与一次电压成正比。

【基本原理】

单相双绕组电磁式电压互感器的空载运行原理如图 3-1 所示，空载运行时，接在电压为 $\dot{U}_1$ 的电网上的一次绕组（匝数 N_1）将流过励磁电流 $\dot{I}_0$，此电流通过一次绕组将产生磁势 $F_0 = \dot{I}_0 N_1$。在 F_0 的作用下，铁心中产生主磁通 $\dot{\Phi}_0$（幅值为 Φ）。主磁通同时穿过一次绕组和二次绕组（匝数 N_2）的全部线匝，在一次绕组产生感应电势 $\dot{E}_1$，同时在二次绕组产生感应电势 $\dot{E}_2$，其有效值为：

$$\begin{cases} \dot{E}_1 = 4.44 f N_1 \dot{\Phi}_0 \\ \dot{E}_2 = 4.44 f N_2 \dot{\Phi}_0 \end{cases} \tag{3-1}$$

将式（3-1）中的两式相除，同时忽略一次绕组的电阻电压和漏抗电压（即

$U_1 \approx E_1$)，并考虑二次绕组空载时 $U_2 = E_2$，可得：

$$\frac{N_1}{N_2} = \frac{E_1}{E_2} \approx \frac{U_1}{U_2} \quad (3-2)$$

可见，二次电压与一次电压成正比关系。

分析指出，带负荷运行的电磁式电压互感器的工作过程是空载与负荷两个过程的合并。

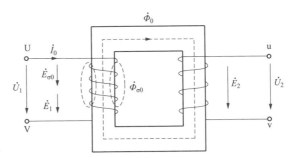

图 3-1　单相双绕组电磁式电压互感器的空载运行原理

二次绕组接入负荷后，空载过程依然存在，这是因为负荷电流在一、二次绕组中所造成的磁势平衡并不影响空载过程。

【实物图片】　若干代表性电磁式电压互感器的实物如图 1-4（a）及图 3-2 所示。图 3-2（a）中的 1000kV GIS 用 VT 高度约 3m，额定一次电压为 $1000/\sqrt{3}$ kV，额定二次电压为 $\frac{0.1}{\sqrt{3}}/\frac{0.1}{\sqrt{3}}/\frac{0.1}{\sqrt{3}}$ kV，准确级组合为 0.2/0.5/3P。

【延伸】

（1）电磁式电压互感器一次绕组接地端子必须可靠接地。严禁出现接地开路。

(a)　　　　　　　　　　(b)

图 3-2　电磁式电压互感器及其铁心实物图（一）

（a）1000kV GIS用；（b）1000kV 标准电压互感器

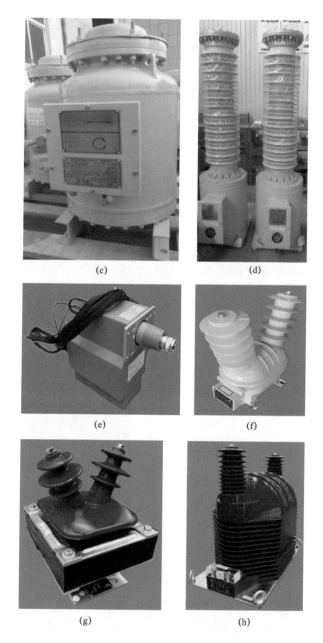

图 3-2　电磁式电压互感器及其铁心实物图（二）

（c）110kV GIS用；（d）110kV独立式标准电压互感器；（e）一次自带熔断器（配电网用）；（f）环氧树脂-硅橡胶复合绝缘（配电网用）；（g）半封闭/半浇注（配电网用）；（h）全封闭/全浇注（配电网用）

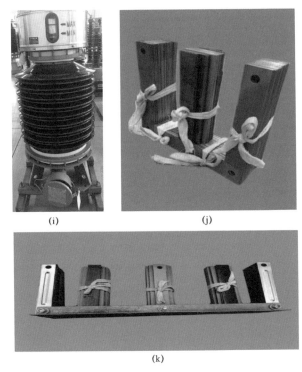

(i)　　　　　　　　　　　(j)

(k)

图 3-2　电磁式电压互感器及其铁心实物图（三）

(i) 66kV 油浸串级式；(j) 配电网用 VT 的铁心 1；(k) 配电网用 VT 的铁心 2

（2）电磁式电压互感器最常用的铁心材料为冷轧硅钢片，常用的结构型式是叠片铁心，如图 3-2（j）所示。根据铁心柱的数目，叠片铁心可分为单相双柱式、单相三柱式、三相三柱式、三相五柱式，其心柱截面一般由内接于圆的多级矩形组成。除叠片铁心外，在较低电压等级的电磁式电压互感器中也常使用卷铁心，可分为矩形卷铁心和 C 型卷铁心两类。前者是用带状硅钢片在矩形胎具上连续绕制而成，在铁心长轴上绕制绕组；后者是将矩形铁心（经浸渍处理后）在长轴上切开（可在长轴上套装绕组）。

（3）为了改善电场分布，一般在电磁式电压互感器的一次绕组首末端分别加静电屏，绕组分段或绕制成宝塔形，并辅以角环、端圈、隔板以加强绝缘。

（4）浇注式电磁式电压互感器从结构上可分为半封闭（即半浇注）和全封闭（即全浇注）两种，其铁心一般采用旁轭式、也有采用 C 型铁心的。前者预先将一、二次绕组及其引线和引线端子用混合胶浇注成一个整体，再将这个浇注体与铁心、底座等组装在一起，优点是浇注简单、容易制造，缺点是结构不够紧凑、铁心外露容易锈蚀。后者是将一、二次绕组，绕组引线及其端子，铁心等全部用混合胶浇注成一个整体，然后将浇注体与底座组装在一起，优点是结构紧凑，缺点是浇注比较复杂，同时铁心缓冲层设置也比较麻烦。

（5）SF$_6$气体绝缘电磁式电压互感器采用单相双柱式铁心，一次绕组截面采用矩形或分级宝塔形，GIS 型设备的引线绝缘设置静电均压环以均匀电场分布从而减小互感器高度。

（6）在电磁式电压互感器的产品型号中，J 代表电压互感器，D 和 S 分别代表单相和三相，G 代表干式，Z 代表浇注，Q 代表气体，X 代表带剩余绕组，W代表五柱三绕组。

（7）电磁式电压互感器的匝电势值会影响设备的误差性能和经济性（在额定磁密一定的前提下，匝电势大，则铁心截面也大、硅钢片用量增多、空载误差将增大，匝电势小，则额定匝数将增多、导线长度增加、阻抗压降增大、误差将增大），选取时需考虑铁心截面、误差、二次绕组匝数等因素。110kV 及以上设备的匝电势取值范围为 1.8～3V/匝，35～66kV 设备的匝电势取值范围为 0.7～1.2V/匝，10kV 及以下设备的匝电势取值范围为 0.4～1V/匝。

（8）对单相及三相不接地型电磁式电压互感器，一般选取额定磁通密度不大于 1.2T；对中性点有效接地系统中运行的单相接地型电磁式电压互感器，一般选取额定磁通密度不大于 1T；对中性点非有效接地系统中运行的单相、三相接地型电磁式电压互感器，一般选取额定磁通密度小于 0.7T；对三相磁路不对称的三相接地型电磁式电压互感器，一般选取额定磁通密度小于 0.7T。如果电磁式电压互感器的磁密选择过高，则铁心的饱和拐点所对应电压就会低于额定电压因数相对应的电压，容易触发铁磁谐振。

3.2　电容式电压互感器 capacitor voltage transformer， CVT

定义　由电容分压器和电磁单元组成的电压互感器，其设计和相互连接使电磁单元的二次电压实质上正比于电容分压器的一次电压，且相位差在连接方法正确时接近于零。

【定义来源】　GB/T 2900.94—2015《电工术语　互感器》4.2 条。

解析　本定义与 GB/T 20840.5—2013《互感器　第 5 部分：电容式电压互

感器的补充技术要求》中的 3.1.501 "电容式电压互感器"的定义的含义相同，只是文字上有差异。

【历史沿革】

本定义涵盖了 G B4703—2007《电容式电压互感器》中的 3.1.1 "电容式电压互感器"、DL/T 866—2004《电流互感器和电压互感器选择及计算导则》中的 3.2.3.1 "电容式电压互感器"的定义。

【基本原理】

电容式电压互感器的电路与等值电路如图 3-3 所示。图中，C_1 和 C_2 分别为高压电容和中压电容，两者组成电容分压器，L_K 为补偿电抗器（其电抗为 X_K），T 为中间变压器，R_D 为阻尼装置，a、n、da、dn 分别为二次绕组端子及剩余电压绕组端子，X_C 为等值电容（C_1+C_2）的电抗，X_{T1} 和 X'_{T2} 分别为中间变压器一、二次绕组的漏抗（折算到中间变压器的一次侧），R_1 为中间变压器一次绕组和补偿电抗器绕组直流电阻以及电容分压器损耗等值电阻之和（$R_1=R_{T1}+R_K+R_C$），R'_2 为中间变压器二次绕组的直流电阻（折算到其一次侧），Z_m 为中间变压器的励磁阻抗。电磁单元主要由补偿电抗器、中间变压器和阻尼装置构成。

当电容分压器不带电磁单元时，等值电路的输入电压为 $U_1 \dfrac{C_1}{C_1+C_2}$。由于 $C_2 \gg C_1$，可见电容分压器起到了将电网电压等比例降低的作用。如果电容分压器带有不设置补偿电抗器的电磁单元，则当接入二次负荷后，由于等值电容 C_1+C_2

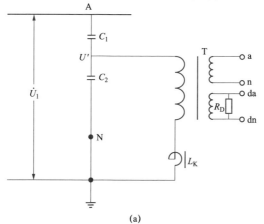

(a)

图 3-3　电容式电压互感器的电路与等值电路（一）

(a) 电路

N—低压端子（电容分压器的）；A—高压端子（电容分压器的）

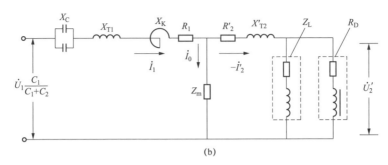

(b)

图 3-3　电容式电压互感器的电路与等值电路（二）

（b）等值电路

会形成较大的内阻抗 X_C，使输出电压发生很大变化，此时中间电压变为 $U_1\dfrac{C_1}{C_1+C_2}-I_\mathrm{T1}\times X_\mathrm{C}$（$I_\mathrm{T1}$ 为中间变压器的一次电流）。因此这种情况下电容式电压互感器将不能正确地传递电网一次电压信息。

　　为了抵消 X_C 的影响，在分压器回路中串联补偿电抗器 L_K，并在额定频率下满足 $X_\mathrm{C}\approx X_\mathrm{K}+X_\mathrm{T1}+X'_\mathrm{T2}$。这样等值电容的压降就被 L_K 及中间变压器的漏抗所补偿，中间变压器的二次电压将只受数值很小的 R_1 和 R'_2 压降的影响，电容式电压互感器二次电压与一次电压之间获得了正确的相位关系。在产品设计时，常使整个等值电路的感抗值略大于容抗值，称为过补偿，以减少电阻对相位差的影响。

　　【实物图片】　电容式电压互感器的实物如图 3-4 所示。

(a)　　　　　　　　　　(b)　　　　　　　　　　　　　(c)

图 3-4　电容式电压互感器实物图

（a）西宁变在运 750kV CVT；（b）750kV 在运 CVT；（c）特高压淮南站在运 1000kV 罐式 CVT

【延伸】

（1）电容式电压互感器具有电磁式电压互感器的全部功能，同时可做载波通信的耦合电容器；其耐雷电冲击性能理论上比电磁式电压互感器优越，可以降低雷电波的波头陡度，对变电站电气设备有一定的保护作用；不存在电磁式电压互感器与断路器断口电容的串联铁磁谐振问题。

（2）对于电容式电压互感器，不应采用中压端避雷器的方式来限制谐振过电压。

（3）电容式电压互感器的误差包括分压器误差、电磁单元误差、电源频率变化引起的附加误差和温度变化引起的误差四部分。电容分压器引起的误差包括分压比误差和相位差。分压比误差是由于高压电容器和中压电容器的实际值与额定值不相等引起的，其消除措施除了控制高压电容器和中压电容器的电容量制造容差外，还会在中间变压器的一次绕组设置分接头。相位差的调整可以通过补偿电抗器的调节绕组来实现。此外，当高压电容器和中压电容器的介质损耗因数不相等时，相位差也会增加。电磁单元误差包括空载误差和负荷误差两部分，分析与计算方法与电磁式电压互感器相同。当电网中电源频率变化时，$X_C \approx X_K + X_{T1} + X'_{T2}$ 的关系不再成立，而会产生剩余电抗（其变化为频率变化量的 2 倍），进而引起固有的附加误差。温度变化会引起高压电容器和中压电容器的电容量变化，其影响有二：一是由于容抗变化产生剩余电抗引起误差，二是高压电容器和中压电容器由于温差产生比值差。上述各类误差的综合结果，即为电容式电压互感器的总误差。

（4）电源断开，电容式电压互感器退出运行后，必须用接地棒多次放电并将高低压端子短路后方可接触，以保证人身安全。

（5）电容式电压互感器正常运行时剩余电压绕组不带负荷。

（6）在电容式电压互感器的产品型号中，T 代表成套装置，YD 代表电容式电压互感器，尾注字母的含义为：TH——湿热带型，G——高原型，F——中性点非有效接地系统用（无此字母为中性点有效接地系统用）。

（7）与支柱式 CVT 不同，图 3-4（c）的罐式 CVT 属于 GIS 用 CVT，采用 SF_6 气体绝缘。其主要技术参数为：短时工频耐受电压 1100kV/5min；操作冲击耐受电压 1800kV；雷电冲击耐受电压 2400kV；设备最高运行电压 1100kV；额定频率 50Hz；额定变比 $\frac{1000}{\sqrt{3}} / \frac{0.1}{\sqrt{3}} / \frac{0.1}{\sqrt{3}} / \frac{0.1}{\sqrt{3}} / 0.1$kV；准确度等级 0.2/0.5/0.5

（3P）/3P；额定二次负荷 10VA/10VA/10VA/10VA，$\cos\varphi = 1$；补气压力 0.45MPa；运行压力 0.5MPa。

（8）安装在线路侧专用于计量的电容式电压互感器的二次负荷不应超过 20VA。N 条线路的互感器二次负荷为：$N \times (1 \sim 10)$ VA，但最大不应超过 100VA。

（9）电容式电压互感器的额定二次负荷宜选择为其经常性负荷的 2 倍。

（10）电容式电压互感器的计量误差零点应出现在 25%额定负荷与 50%额定负荷之间。

3.2.1 电压连接式 CVT voltage-connected CVT

定义 与高压线路仅有一个连接的 CVT。

【定义来源】 GB/T 20840.5—2013《互感器 第 5 部分：电容式电压互感器的补充技术要求》3.1.510 条。

【注】 在正常条件下，顶部连接仅承载电容式电压互感器的电流。

3.2.2 阻波器连接式 CVT line trap-connected CVT

定义 顶部装有阻波器的 CVT。

【定义来源】 GB/T 20840.5—2013《互感器 第 5 部分：电容式电压互感器的补充技术要求》3.1.512 条。

【历史沿革】 本定义与 GB/T 4703—2007《电容式电压互感器》中的 3.1.37 "阻波器连接式 CVT"的定义相同，但 3.1.37 中有两条注。①在这种情况，阻波器的两个连接承载高压线路电流，阻波器到 CVT 的一个连接承载 CVT 的电流。②当多相短路时，两相上的支座安装式阻波器产生附加的作用力。

3.2.3 叠装式结构 stacking structure

定义 电容分压器与电磁单元结构上是一体化的，电容分压器中压出线和电磁单元在内部进行电气连接。

【定义来源】 GB/Z 24841—2009《1000kV 交流系统用电容式电压互感器技术规范》3.1 条。

【实物图片】 叠装式结构的 CVT 如图 3-4（a）、图 3-4（b）和图 3-8（b）

所示。

【延伸】

（1）750kV 及以下电压等级的支柱式电容式电压互感器均采用叠装式结构。

（2）叠装式结构通常是电容分压器叠装在电磁单元油箱之上，电容分压器的下节底盖上有一个中压出线套管和一个低压端子出线套管，伸入电磁单元内部将电容分压器中压端子与电磁单元相连。有的产品还在下节电容器瓷套上开一个小孔，将中压端引出，以供测试电容和介质损耗使用。

3.2.4 非叠装式结构 non-stacking structure

定义 电容分压器与电磁单元结构上是分离的，电容分压器和电磁单元在外部通过出线套管进行电气连接。

【定义来源】 GB/Z 24841—2009《1000kV 交流系统用电容式电压互感器技术规范》3.2 条。

【实物图片】 非叠装式 1000kV CVT 如图 3-5 所示。

（a）　　　　　　　　　　　（b）

图 3-5　非叠装式 1000kV CVT

（a）在运 CVT1；（b）在运 CVT2 及其局部

【延伸】 1000kV 支柱式电容式电压互感器的高度在 10m 左右，为了便于检修，均采用了非叠装式结构。

3.2.5 运行变差 variation of operation

定义 误差受运行环境的影响而发生的变化，它可以由运行状态如环境温度、邻近效应、污秽等引起。

【定义来源】 GB/Z 24841—2009《1000kV 交流系统用电容式电压互感器技术规范》3.3 条。

解析 邻近效应包括一次连线（如连线的角度）、周边物体及物体电位等影响。

3.2.6 电容式电压互感器的额定温度类别 rated temperature category of a capacitor voltage transformer

定义 电容式电压互感器设计所依据的环境空气或冷却介质的温度范围。

【定义来源】 GB/T 20840.5—2013《互感器　第 5 部分：电容式电压互感器的补充技术要求》3.1.506 条。

【历史沿革】 本定义与 GB/T 4703—2007《电容式电压互感器》中的 3.1.30 "电容式电压互感器的额定温度类别"的定义的含义相同，仅在个别文字上有差异。

3.2.7 电容式电压互感器的额定频率 rated frequency of capacitor voltage transformer

定义 电容式电压互感器设计所依据的频率。

【定义来源】 GB/T 4703—2007《电容式电压互感器》3.1.2 条。

解析

（1）GB 20840.1—2010《互感器　第 1 部分：通用技术要求》的 5.4 规定"额定频率的标准值为 50Hz"；但 5.4 以注的形式说明"如用户另有要求，额定频率可参照附录 C 的规定选取，但应在订货合同中注明"；附录 C.4 的内容为"额定频率的标准值为 $16\frac{2}{3}$Hz、25Hz、50Hz 和 60Hz"。

（2）GB/T 20840.5—2013《互感器　第 5 部分：电容式电压互感器的补充技术要求》的 5.4 指出"GB 20840.1—2010 的 5.4 与下列增补的内容均适用：对测

量用准确级，额定频率范围为额定频率的 99％～101％。对保护用准确级，额定
频率范围为额定频率的 96％～102％"。

3.2.8　低压端子杂散电容 stray capacitance of the low voltage terminal

定义　低压端子与接地端子之间的杂散电容。

【定义来源】 GB/T 20840.5—2013《互感器　第 5 部分：电容式电压互感器
的补充技术要求》3.1.532 条。

解析　对于 750、500、330、220、110、66、35kV 等级电容式电压互感器，
《国家电网公司输变电工程通用设备 110（66）～750kV 智能变电站一次设备
（2012 年版）》给出低压端子杂散电容（作者注：原文为低压端对地的杂散电容）
的典型值为（300＋0.05C_n）pF。其中，C_n 为电容分压器的额定电容值。

【历史沿革】

本定义与 GB/T 4703—2007《电容式电压互感器》中的 3.2.20 "低压端子杂
散电容"、DL/T 726—2000《电力用电压互感器订货技术条件》中的 3.46 "低电
压端子杂散电容"的定义相同。

3.2.9　低压端子杂散电导 stray conductance of the low voltage terminal

定义　低压端子与接地端子之间的杂散电导。

【定义来源】 GB/T 20840.5—2013《互感器　第 5 部分：电容式电压互感器
的补充技术要求》3.1.533 条。

解析

对于 750、500、330、220、110、66、35kV 等级电容式电压互感器，《国家
电网公司输变电工程通用设备 110（66）～750kV 智能变电站一次设备（2012 年
版）》给出低压端子杂散电导的典型值为不大于 50μs。

【历史沿革】　本定义与 GB/T 4703—2007《电容式电压互感器》中的 3.2.21
"低压端子杂散电导"、DL/T 726—2000《电力用电压互感器订货技术条件》中的
3.48 "低电压端子杂散电导、stray conductance of low voltage terminal"的定义相同。

3.3　额定电压因数 rated voltage factor

定义　与额定一次电压相乘以确定最高电压的因数，在此电压下，电压互

感器应满足规定时间内有关热性能要求和满足有关准确度要求。

【定义来源】 GB/T 2900.94—2015《电工术语 互感器》4.3 条。

解析

（1）本定义与 GB 20840.3—2013《互感器 第 3 部分：电磁式电压互感器的补充技术要求》中的 3.2.303 "额定电压因数"、GB/T 20840.5—2013《互感器 第 5 部分：电容式电压互感器的补充技术要求》中的 3.2.503 "额定电压因数" 的定义的含义相同，且 3.2.303 和 3.2.503 中指出额定电压因数的符号为 F_v。

（2）本定义涵盖了 DL/T 866—2015《电流互感器和电压互感器选择及计算规程》中的 2.2.2 "额定电压因数" 的定义，但 2.2.2 中指出额定电压因数的符号为 F_v。

（3）GB 20840.3—2013《互感器 第 3 部分：电磁式电压互感器的补充技术要求》的 5.302 和 GB/T 20840.5—2013《互感器 第 5 部分：电容式电压互感器的补充技术要求》的 5.501.4 规定了额定电压因数标准值。电压因数是由最高运行电压决定的，而后者又取决于系统接地方式（对于电磁式电压互感器，还与其一次绕组的连接方式有关）。表 3-1 列出各种接地条件对应的电压因数标准值及最高运行电压的允许持续时间（即额定时间）。

表 3-1　　　　　　　　　　　　额定电压因数标准值

额定电压因数	额定时间	一次端子连接方式和系统接地条件	备注
1.2	连续	任一电网中的相间 任一电网中的变压器中性点与地之间	电磁式 VT
1.2	连续	中性点有效接地系统中的相与地之间	电磁式 VT、CVT
1.5	30s		
1.2	连续	带有自动切除对地故障的中性点非有效接地系统中的相与地之间	
1.9	30s		
1.2	连续	无自动切除对地故障的中性点绝缘系统或无自动切除对地故障的谐振接地系统中的相与地之间	
1.9	8h		

注　1. 电磁式电压互感器的最高连续运行电压，应等于设备最高电压（对接在三相系统相与地之间的电压互感器还需除以 $\sqrt{3}$）或额定一次电压乘以 1.2，取其较低者。

2. 额定时间允许缩短，具体值由制造方与用户协商确定。

3. 电容式电压互感器的热性能和准确度要求以额定一次电压为基准，而其额定绝缘水平则以设备最高电压 U_m 为基准。

4. 电容式电压互感器的最高连续运行电压，应低于或等于设备最高电压 U_m 除以 $\sqrt{3}$ 或额定一次电压 U_{pr} 乘以连续工作的额定电压因数 1.2，取其较低者。

【历史沿革】

本定义涵盖了 GB 1207—2006《电磁式电压互感器》中的 3.1.31"额定电压因数"、GB/T 4703—2007《电容式电压互感器》中的 3.1.29"额定电压因数"、DL/T 726—2000《电力用电压互感器订货技术条件》中的 3.33"额定电压因数"的定义。

【符号或公式】 F_v

3.4 不接地电压互感器 unearthed voltage transformer

定义 一次绕组的各个部分包括接线端子在内，都是按其额定绝缘水平对地绝缘的电压互感器。

【定义来源】 GB/T 2900.94—2015《电工术语 互感器》4.4 条。

解析

（1）与 GB 20840.3—2013《互感器 第 3 部分：电磁式电压互感器的补充技术要求》中的 3.1.302"不接地电压互感器"的定义的含义相同。

（2）与 JB/T 10433—2015《三相电压互感器》中的 3.2"三相不接地电压互感器"的定义的含义相同，且 3.2 强调了"三相"。

【历史沿革】

（1）与 DL/T 726—2000《电力用电压互感器订货技术条件》中的 3.3"不接地电压互感器"的定义的含义相同。

（2）与 JB/T 10433—2004《三相电压互感器》中的 3.2"三相不接地电压互感器"定义相同，差别在于 3.2 强调了"三相"。

【实物图片】 不接地电压互感器的实物如图 3-6 所示。

【延伸】

（1）不接地电压互感器可用于在中性点非有效接地系统中采用单相接线或三相 V 型接线的形式测量线电压。

（2）浇注式电磁式电压互感器的一、二次绕组间绝缘根据电压互感器的类型不同而有所不同。对于不接地电压互感器，由于其间的电压高，需浇注比较厚的混合胶作绝缘。

(a)   (b)

图 3-6   不接地电压互感器实物图

(a) 6～10kV 户内用；(b) 20kV 户外用

3.5   接地电压互感器 earthed voltage transformer

【定义】   一次绕组的一端直接接地的单相电压互感器，或一次绕组的星形联结点直接接地的三相电压互感器。

【定义来源】 GB/T 2900.94—2015《电工术语 互感器》4.5 条。

【解析】 与 GB 20840.3—2013《互感器 第 3 部分：电磁式电压互感器的补充技术要求》中的 3.1.303"接地电压互感器"的定义的含义相同，只是文字上略有差异。

【实物图片】 图 3-7 为 6～35kV 配电网用接地电压互感器。图 3-8（b）、图 3-2（d）分别为一次绕组的一端直接接地的单相电容式电压互感器及电磁式电压互感器。

【延伸】

（1）电压在 35kV 及以下的电压互感器可制成接地电压互感器和不接地电压互感器两种类型，而电压在 110kV 及以上的电压互感器一般只制成接地电压互感器。不接地电压互感器可以当做接地电压互感器使用。

（2）浇注式电磁式电压互感器的一、二次绕组间绝缘根据电压互感器的类型

(a)　　　　　　　　　(b)　　　　　　　　(c)

图 3-7　6～35kV 配电网用接地电压互感器实物图

（a）6～10kV 户内用；（b）35kV 产品（正面）；（c）35kV 产品（侧面）

不同而有所不同。对于接地电压互感器，由于其间的电压低，可以用绝缘纸板浇混合胶作绝缘，也可单用聚酯薄膜复合纸板作绝缘。

3.6　一次电压 primary voltage

定义　施加于电压互感器一次端子的电压。

【定义来源】　GB/T 2900.94—2015《电工术语　互感器》4.6 条（改写：将一次绕组改为一次端子）。

解析　对于电磁式电压互感器，一次电压施加在其一次绕组上；对于电容式电压互感器，一次电压施加在其电容分压器的高压端子上。图 3-8 给出了电压互感器上施加一次电压的部位。

3.7　二次电压 secondary voltage

定义　当对电压互感器一次端子施加电压时，在二次绕组两端子之间所出现的电压。

【定义来源】　GB/T 2900.94—2015《电工术语　互感器》4.7 条（改写：将一次绕组改为一次端子）。

(a)

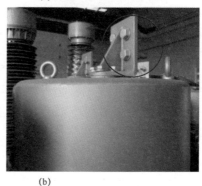

(b)

图 3-8　电压互感器上施加一次电压的部位

（a）电磁式 VT 及局部；（b）CVT 及局部

3.8　额定一次电压 rated primary voltage

定义　作为电压互感器性能基准的一次电压值。

【定义来源】　GB/T 2900.94—2015《电工术语　互感器》4.8 条、GB 20840.3—2013《互感器　第 3 部分：电磁式电压互感器的补充技术要求》3.2.301 条（符号来自该术语）。

解析

（1）额定一次电压用有效值表示。

（2）GB/T 20840.5—2013《互感器　第 5 部分：电容式电压互感器的补充技

术要求》中的 3.2.501 "额定一次电压"的定义为"用于电容式电压互感器标识并作为其性能基准的一次电压值"。

(3) 对于电磁式电压互感器,GB 20840.3—2013《互感器　第 3 部分:电磁式电压互感器的补充技术要求》的 5.301.1 指出"作为测量用或保护用的电压互感器,其性能是以额定一次电压为基准的,但其额定绝缘水平是以 GB/T 156 所列的设备最高电压为基准的"。

(4) 对于电容式电压互感器,GB/T 20840.5—2013《互感器　第 5 部分:电容式电压互感器的补充技术要求》中的 5.501.1 指出"测量用或保护用的电容式电压互感器,其性能以额定一次电压 U_{pr} 为基准,而额定绝缘水平则以 GB 311.1 所列的设备最高电压 U_m 之一为基准"。

【历史沿革】　本定义涵盖了 DL/T 866—2004《电流互感器和电压互感器选择及计算导则》中的 3.2.1.1 "额定一次电压"的定义。

【符号或公式】　U_{pr}

【延伸】

(1) 对于三相电磁式电压互感器和用于单相系统或三相系统线间的单相电磁式电压互感器,GB 20840.3—2013《互感器　第 3 部分:电磁式电压互感器的补充技术要求》的 5.301.1 指出"其额定一次电压标准值应为 GB/T 156 中常规值的额定系统电压值之一。接在三相系统线与地之间或系统中性点与地之间的单相电压互感器,其额定一次电压标准值为额定系统电压的 $1/\sqrt{3}$"。

(2) GB/T 20840.5—2013《互感器　第 5 部分:电容式电压互感器的补充技术要求》中的 5.501.1 规定"接在三相系统线与地之间或接在系统中性点与地之间的电容式电压互感器,其额定一次电压标准值应为系统标称电压的 $1/\sqrt{3}$"。

3.9　额定二次电压 rated secondary voltage

定义　作为电压互感器性能基准的二次电压值。

【定义来源】　GB/T 2900.94—2015《电工术语　互感器》4.9 条、GB 20840.3—2013《互感器　第 3 部分:电磁式电压互感器的补充技术要求》3.2.302 条(符号来自该术语)。

解析

（1）额定二次电压用有效值表示，通常为 100V 或 $100/\sqrt{3}$V。

（2）GB/T 20840.5—2013《互感器　第 5 部分：电容式电压互感器的补充技术要求》中的 3.2.502"额定二次电压"的定义为"用于电容式电压互感器标识并作为其性能基准的二次电压值"。

【历史沿革】　本定义涵盖了 DL/T 866—2004《电流互感器和电压互感器选择及计算导则》中的 3.2.1.2"额定二次电压"的定义。

【符号或公式】　U_{sr}

【延伸】

（1）对于电磁式电压互感器，根据 GB 20840.3—2013《互感器　第 3 部分：电磁式电压互感器的补充技术要求》：

1）5.301.2 指出"额定二次电压应按照电压互感器使用场合的实际情况选择。接到单相系统或接到三相系统线间的单相电压互感器和三相电压互感器的标准值为 100V。用于三相系统相与地之间的单相电压互感器，当其额定一次电压为某一数值除以 $\sqrt{3}$ 时，其额定二次电压应是 $100/\sqrt{3}$V，以保持额定电压比不变"。如果用户另有要求，则应在订货合同中注明。

2）5.301.3 指出"拟与同类绕组联结成开口三角形产生剩余电压的绕组，其额定二次电压为 100/3V 或 100V。100/3V 只适用于额定电压因数为 1.9 的电压互感器，而 100V 只适用于额定电压因数为 1.5 的电压互感器"。如果用户另有要求，则应在订货合同中注明。

（2）对于电容式电压互感器，根据 GB/T 20840.5—2013《互感器　第 5 部分：电容式电压互感器的补充技术要求》：

1）5.501.2 指出"额定二次电压应按电容式电压互感器使用场合的实际需要来选择。接在三相系统线与地之间的电容式电压互感器的额定二次电压标准值为 $100/\sqrt{3}$V"。如用户另有要求，则应在订货合同中注明。

2）5.501.3 指出"用于中性点有效接地系统的剩余电压绕组的额定电压的优先值为 100V，可用值（非优先值）为 $100/\sqrt{3}$V；用于中性点非有效接地或中性点绝缘系统的剩余电压绕组的额定电压的优先值为 100/3V，可用值（非优先值）为 100V"。

3.10 测量用电压互感器 measuring voltage transformer

定义 向测量仪器、积分仪表和类似电器传送信息信号的电压互感器。

【定义来源】 GB/T 2900.94—2015《电工术语 互感器》4.10 条。

解析

(1) 本定义与 GB 20840.3—2013《互感器 第 3 部分：电磁式电压互感器的补充技术要求》中的 3.1.304 "测量用电压互感器"、GB/T 20840.5—2013《互感器 第 5 部分：电容式电压互感器的补充技术要求》中的 3.1.502 "测量用电压互感器"的定义相同。

(2) JB/T 10433—2015《三相电压互感器》中的 3.4 "测量用三相电压互感器、three-phase measuring voltage transformers"的定义为"向测量仪器、积分仪表和其他类似电器传送信息信号的三相电压互感器"。

(3) 测量用电压互感器通常与保护用电压互感器共用同一个铁心，用不同的二次绕组分别实现或同一个绕组同时实现测量和保护功能，即同一台电压互感器兼具测量用电压互感器与保护用电压互感器的功能。

【历史沿革】 GB 1207—2006《电磁式电压互感器》中的 3.1.32 "测量用电压互感器"的定义为"为指示仪表、积分仪表和其他类似电器供电的电压互感器"。该定义涵盖了 DL/T 726—2000《电力用电压互感器订货技术条件》中的 3.6 "测量用电压互感器"的定义。

【实物图片】 图 1-5 即为测量用电压互感器的实物。

【延伸】 DL/T 866—2015《电流互感器和电压互感器选择及计算规程》的 11.3.1 规定"对于计费用计量仪表，电压互感器宜提供与测量和保护分开的独立二次绕组"。

3.11 保护用电压互感器 protective voltage transformer

定义 向继电保护和控制装置传送信息信号的电压互感器。

【定义来源】 GB/T 2900.94—2015《电工术语 互感器》4.11 条。

解析

(1) 本定义与 GB 20840.3—2013《互感器 第 3 部分：电磁式电压互感器的

补充技术要求》中的 3.1.305"保护用电压互感器"、GB/T 20840.5—2013《互感器 第 5 部分：电容式电压互感器的补充技术要求》中的 3.1.503"保护用电压互感器"的定义相同。

（2）JB/T 10433—2015《三相电压互感器》中的 3.5"保护用三相电压互感器、three-phase protective voltage transformers"的定义为"向继电保护和控制装置传送信息信号的三相电压互感器"。

（3）保护用电压互感器通常与测量用电压互感器共用同一个铁心，用不同的二次绕组分别实现或同一个绕组同时实现保护和测量功能，即同一台电压互感器兼具保护用电压互感器与测量用电压互感器的功能。

【历史沿革】

（1）本定义涵盖了 GB 1207—2006《电磁式电压互感器》中的 3.2.1"保护用电压互感器"的定义。

（2）DL/T 726—2000《电力用电压互感器订货技术条件》中的 3.7"保护用电压互感器"的定义为"为继电保护，或其他类似电器提供电压的电压互感器"。

【延伸】 DL/T 866—2015《电流互感器和电压互感器选择及计算规程》的 11.3.1 规定"对于 220kV 及以上电压等级的输电线路和单机容量 100MW 及以上的发电设备，电压互感器应为两套相互独立的主保护或双重化保护提供两个独立二次绕组"。

3.12 串级式电压互感器 cascade voltage transformer

定义 一种电磁式接地电压互感器，其一次绕组均等分布在有适当电磁耦合的一个或多个铁心的各心柱上，由此，将功率传输给集中绕制在最下一个铁心柱上的二次绕组。铁心对地绝缘和在多个铁心时彼此绝缘。

【定义来源】 GB/T 2900.94—2015《电工术语 互感器》4.12 条。

【基本原理】

图 3-9（a）为 n 级串级式电压互感器的原理接线图，n 个同样的一次绕组套装在 K 个（$K=n/2$）同样的铁心上，自上而下依次排列为 1，2，3…，n 级。设每一级一次绕组匝数为 N_1，则整台互感器的一次匝数为 nN_1。n 级一次绕组依次串联，A 端接高压，N 端接地。每一级绕组的电压均为 U_1/n。最上面的铁心与第 1 级一次绕组的末端作等电位联结，故其对地电位为 $(n-1)U_1/n$，而对第 1

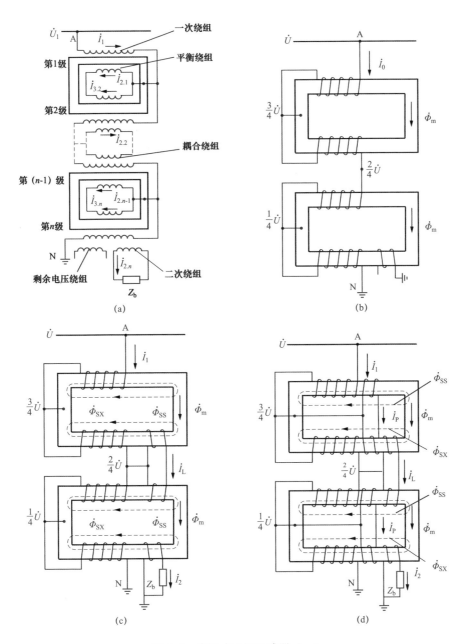

图 3-9　串级式电压互感器（一）

（a）原理接线；（b）空载（只有一次及二次绕组）；（c）负载（有耦合绕组）；

（d）负载（有耦合绕组及平衡绕组）

油位
观察
窗

一次绕
组接线
螺杆

储
油
柜

接线盒

(e)

图 3-9　串级式电压互感器（二）

(e) 110kV 实物图

级一次绕组和第 2 级一次绕组的最大电位差为 U_1/n。最下面的铁心与第 $(n-1)$ 级一次绕组的末端作等电位联结，故其对地电位为 U_1/n，而对第 $(n-1)$ 级一次绕组和第 n 级一次绕组的最大电位差也是 U_1/n。平衡绕组与铁心等电位联结，因此平衡绕组可紧靠铁心布置。耦合绕组与相邻的一次绕组等电位联结，因此耦合绕组可紧靠在一次绕组的外面。二次绕组和剩余电压绕组均布置在最下级一次绕组的外面，基本处于地电位。这种布置方式大大减小了绕组与绕组之间以及绕组与铁心之间的绝缘。由于铁心都带电，所以铁心与铁心之间、铁心与地之间都应有很好的绝缘。

平衡绕组和耦合绕组的作用如图 3-9（b）、图 3-9（c）和图 3-9（d）所示。当互感器空载时 ［见图 3-9（b）］，一次绕组中流过励磁电流 $\dot{I}_0$，由于各级一次绕组相同，各铁心也相同，故各级一次电压是相等的，各铁心中的磁通也是相等的。

当二次接有负荷时，二次绕组中流过电流 $\dot{I}_2$。此电流在下铁心的下柱上建立去磁磁势 $\dot{I}_2 N_2$，为此，一次绕组中的电流要增加以补偿二次磁势。但是由于一次绕组分布在四个心柱上，上两级磁势增加将使上铁心的主磁通增加，而在下铁心上，由于二次磁势大于一次磁势，使得下铁心中的主磁通减少，造成各级一次电压分配不均匀。为了使各级一次电压分配均匀，即上、下铁心中的主磁通保持一致，必须在上、下铁心上各绕制一个匝数与几何尺寸相等的耦合绕组，接线方式如图 3-9（c）所示。当互感器空载时，这对耦合绕组中的感应电势大小相等，相位相反，没有电流。负载时，二次磁势使下铁心主磁通减少，下铁心耦合绕组感应电势下降，而上铁心耦合绕组感应电势将增加，于是耦合绕组产生电流。该电流在下铁心耦合绕组中产生的磁势将与此铁心的一次绕组的磁势相加以平衡二次磁势，使下铁心磁通增加。上铁心的耦合绕组磁势与一次磁势相位相反，使上铁心磁通减少，从而保持各铁心中的主磁通不变。

从能量传输的关系看，单级式电压互感器一次绕组中的能量是通过一、二次绕组间的磁耦合（互感作用）传输到二次绕组去的。在串级式电压互感器中，上铁心一次绕组中的能量不能直接通过磁耦合传递给处于下铁心上的二次绕组，而是通过上铁心耦合绕组经磁耦合输入一次绕组的能量，再通过电耦合送到下铁心耦合绕组，最后再通过磁耦合传给二次绕组。所以说，维持各铁心磁势平衡的目的就是要保证上铁心一次绕组的能量传到下铁心的二次绕组中去。

在同一铁心中虽然有了耦合绕组可以使整个铁心的磁势得到平衡，但是由于同一铁心的两个心柱上的绕组不同，每个心柱的磁势却不平衡，各心柱都有很大漏磁。在图 3-9 中，用 $\dot{\Phi}_{SS}$ 表示上心柱漏磁，$\dot{\Phi}_{SX}$ 表示下心柱漏磁。为了减少漏磁，必须使同一铁心的两个心柱的磁势分别得以平衡，为此需设置平衡绕组，如图 3-9（d）所示。

以铁心为例说明平衡绕组的作用。平衡绕组是一对匝数和几何尺寸相同的绕组。其接线方式应保证主磁通在这一对绕组中感应出的电动势方向相反。但是，$\dot{\Phi}_{SS}$ 在上平衡绕组中感应出的电动势与 $\dot{\Phi}_{SX}$ 在下平衡绕组中感应出的电动势却是相加的，于是有电流 $\dot{I}_P$ 流通。此电流在上平衡绕组中建立与一次绕组及耦合绕组磁势相减的磁势，使 $\dot{\Phi}_{SS}$ 减少，在下平衡绕组中建立与一次绕组磁势相加的磁势，使 $\dot{\Phi}_{SX}$ 也下降。可见平衡绕组的作用是使同一铁心的两个心柱的磁势得到平衡，以减少漏磁。

从能量传递关系来看，如果没有平衡绕组，则上、下心柱的绕组之间的磁耦合将很不好，最终一次能量会有一大部分存在于漏磁中而不能传到二次绕组。平衡绕组的作用就是把漏磁能量传递下去。上心柱平衡绕组通过磁耦合输入上柱一次能量，经电耦合送到下心柱的平衡绕组，再通过磁耦合把这部分能量传递给二次绕组。

上述分析为理想情况。实际上，由于耦合绕组有一定的阻抗，要维持电流

$\dot{I}_L$，需要一定的电势差，上、下两个铁心的主磁通就会有一点差别，耦合绕组的阻抗越小，两个铁心的主磁通的差别就越小。同样，平衡绕组阻抗的存在，也需要一定的漏磁 $\dot{\Phi}_{SS}$ 和 $\dot{\Phi}_{SX}$ 维持一定的电势差。平衡绕组的阻抗越小，维持电流 $\dot{I}_P$ 所需的漏磁也就越小。

【实物图片】 110kV 串级式电压互感器实物如图 3-9（e）所示。

3.12.1　平衡绕组 balancing winding

定义　串级式电压互感器中按规定方法连接的一对绕组，分别套在同一铁心的两个心柱上，其作用是平衡两柱中的磁通和传递能量。

【定义来源】 GB/T 2900.94—2015《电工术语　互感器》4.12.1 条。

3.12.2　耦合绕组 coupling winding

定义　串级式电压互感器中按规定方法连接的一对绕组，分别套在上下两个铁心相邻的铁心柱上，其作用是平衡此两个铁心柱的磁通和传递能量。

【定义来源】 GB/T 2900.94—2015《电工术语　互感器》4.12.2 条。

3.13　开磁路电压互感器 open-core voltage transformer

定义　一种电磁式电压互感器，其铁心为棒形，仅有心柱没有铁轭的开磁路结构，一、二次绕组之间主绝缘为电容型绝缘。特点是产品的励磁特性在额定电压因数（1.5 或 1.9）倍的额定电压以下呈线性。

【定义来源】 GB/T 2900.94—2015《电工术语　互感器》4.13 条。

解析

（1）开磁路电压互感器与闭合磁路电压互感器的励磁特性比较如图 3-10（a）所示。

（2）开磁路电压互感器产品可达到的最高电压等级为 500kV。由于铁心只是棒状，因此其绝缘相当简单，铁心及其二次绕组垂直放在瓷套内，铁心与瓷套之间是具有电容型结构的绝缘筒，沿着绝缘筒高度方向分布着一次线圈。

（3）由于绝缘筒将铁心与高压绝缘，使得设备制造能够完全机械化，不存在人为影响因素。

（4）由于一次线圈沿着绝缘筒高度方向分布，从而优化了设备高度方向的工频电压分布。此外，一次线圈既高且薄，增大了总的散热面积，有效提升了设备的温升性能。正是因为这种特殊的器身布置以及具有优良的热性能，该型互感器能够承受相当大的热负荷。

（5）为了在铁心中感应出相同数值的磁密，通过空气形成闭合磁路的棒型开放铁心需要较大的励磁电流（与闭合铁心相比），即棒型开放铁心的励磁曲线（U-I特性）偏向横坐标。这一特点使得该型互感器在运行中避免了与系统中的电容发生铁磁谐振的风险。图 3-10（b）给出了国外 123kV 电网中的实际电容（包括线路对地电容、母线和电流互感器间的电容、断路器的断口电容及均压电容等在内的所有电容的总和）与运行开磁路电压互感器的 U-I 特性。从图中可以看出，两条曲线没有交点，不存在发生铁磁谐振的条件。

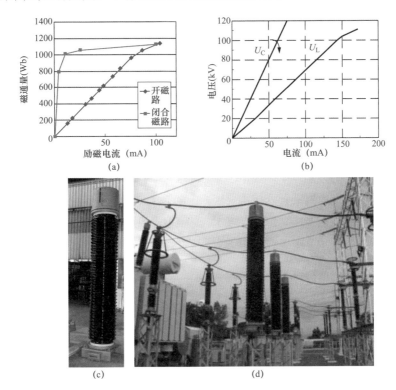

图 3-10 开磁路电压互感器

（a）励磁特性比较；（b）U-I 特性比较；（c）500kV 实物图；（d）220kV 实物图

【实物图片】 500、200kV 开磁路电压互感器实物图分别如图 3-10（c）、图 3-10

(d) 所示。

3.14 剩余电压 residual voltage

定义 三相系统中的三个相电压瞬时值的总和。

【定义来源】 GB/T 2900.94—2015《电工术语 互感器》4.14 条。

解析 剩余电压的三分之一即为零序电压。

【延伸】 对于数字式保护，剩余电压既可以通过电压互感器的剩余电压绕组获得，也可以通过对三相电压进行计算获得。

3.15 剩余电压绕组 residual voltage winding

定义 单相电压互感器的一个二次绕组，在三相组的三台单相电压互感器中联结成开口三角形，或者三相电压互感器联结成开口三角形的二次绕组，用于在接地故障时产生剩余电压，或用于阻尼弛张振荡（铁磁谐振）。

【定义来源】 GB/T 2900.94—2015《电工术语 互感器》4.15 条。

解析

（1）本定义涵盖了 GB 20840.3—2013《互感器 第 3 部分：电磁式电压互感器的补充技术要求》中的 3.1.308 "剩余电压绕组"、GB/T 20840.5—2013《互感器 第 5 部分：电容式电压互感器的补充技术要求》中的 3.1.505 "剩余电压绕组"的定义。

（2）DL/T 866—2015《电流互感器和电压互感器选择及计算规程》的 11.3.2 指出 "剩余绕组接成开口三角，仅在故障情况下承受负荷"。

【历史沿革】

本定义涵盖了 GB 1207—2006《电磁式电压互感器》中的 3.2.2 "剩余电压绕组"、GB/T 4703—2007《电容式电压互感器》中的 3.1.28 "剩余电压绕组"、DL/T 866—2004《电流互感器和电压互感器选择及计算导则》中的 3.2.2.1 "剩余电压绕组"的定义。

3.16 热极限输出 thermal limiting output

定义 在额定电压下，电压互感器二次绕组所能供给而温升不超过规定限值的视在功率值。

【定义来源】 GB/T 2900.94—2015《电工术语 互感器》4.16 条。

【注】 互感器在这种状态下，所有二次绕组的误差几乎都超过限值。

解析

（1）GB 20840.3—2013《互感器 第 3 部分：电磁式电压互感器的补充技术要求》中的 3.5.301"热极限输出"的定义为"在额定电压下，二次绕组所能供给而温升不超过规定限值的视在功率值"。该定义有 3 条注：①在这种状态下，所有二次绕组的比值差和相位差几乎都超过限值；②有多个二次绕组时，各绕组的热极限输出值应分别标出；③除制造方与用户另有协议外，不允许有两个或更多的二次绕组同时供给热极限输出。

（2）GB/T 20840.5—2013《互感器 第 5 部分：电容式电压互感器的补充技术要求》中的 3.5.501"热极限输出"的定义为"在额定一次电压下，当温升不超过限值时，二次绕组所能供给的以额定电压为基准的视在功率伏安值"。

（3）本定义涵盖了 DL/T 866—2015《电流互感器和电压互感器选择及计算规程》中 2.2.3"热极限输出"的定义。

【历史沿革】

（1）GB 1207—2006《电磁式电压互感器》中的 3.1.18.2"热极限输出"的定义为"在额定一次电压下，温升不超过本标准 6.4 规定的限值时，二次绕组所能供给的以额定电压为基准的视在功率值"。该定义有 3 条注：①在这种状态下，误差可能超过限值；②有多个二次绕组时，各绕组的热极限输出值应分别标出；③除制造方与用户另有协议外，不允许有两个或更多的二次绕组同时供给热极限输出。该定义涵盖了 DL/T 726—2000《电力用电压互感器订货技术条件》中的 3.23"热极限输出"的定义。

（2）GB/T 4703—2007《电容式电压互感器》中的 3.1.15"热极限输出"的定义为"在额定一次电压下温升不超过 6.5 规定的限值（且不损坏电容式电压互感器部件）的条件下，二次绕组所能供给的以额定电压为基准的视在功率伏安值"。该定义有 3 条注：①在此状态下，误差可能超过限值；②有两个及以上二次绕组时，各二次绕组的热极限输出应分别标出；③除制造方与用户协商同意，不允许两个及以上二次绕组同时供给热极限输出。

【延伸】

（1）热极限输出的用途较广，如短路干燥时和空载电流试验时，最大电流应受限制。

（2）电压互感器温升试验所施加的电压和不同绕组的负荷情况见表 3-2。

表 3-2 　　　　电压互感器温升试验所施加的电压和不同绕组的负荷情况

试验项目	试验时施加的一次电压	试验时各绕组所接负荷			试验持续时间
		测量绕组	保护绕组	剩余电压绕组	
1	$1.2U_{pr}$	额定负荷①	额定负荷①	不接负荷	到温度稳定为止
2	$1.0U_{pr}$	额定热极限负荷（如果有）	不接负荷	不接负荷	到温度稳定为止
3	$1.0U_{pr}$	不接负荷	额定热极限负荷（如果有）	不接负荷	到温度稳定为止
4	$1.9U_{pr}/8h$	额定负荷①	额定负荷①	额定热极限负荷，若未规定则接额定负荷	8h*
5	$1.5U_{pr}/30s$ 或 $1.9U_{pr}/30s$	额定负荷①	额定负荷①	额定负荷	30s**

① 如果有几个额定负荷值，应取最大的额定负荷。

* 第 4 项试验应在第 1 项试验达到稳定热状态后立即进行，历时 8h 后，互感器的温升不应超过 GB 20840.1 表 6 的规定值加 10K。

** 第 5 项试验若在第 1 项试验达到稳定热状态后立即进行，历时 30s 后，互感器的温升不应超过 GB 20840.1 表 6 的规定值加 10K。若在冷状态下开始，历时 30s 后，其绕组温升不应超过 10K。

3.17 铁磁谐振 ferro-resonance

【定义】 电容和非线性磁饱和电感组成电路的持续谐振。

【定义来源】 GB/T 2900.94—2015《电工术语 互感器》4.17 条、GB/T 20840.5—2013《互感器 第 5 部分：电容式电压互感器的补充技术要求》3.1.508 条。

【注】 铁磁谐振可以由一次侧或二次侧的开关操作激发。

【基本原理】

（1）在中性点不接地系统中，电源变压器中性点不接地。为了监视绝缘，电磁式电压互感器的一次绕组中性点直接接地。当电源合闸至空母线使互感器一相或两相出现涌流，或者线路瞬间单相弧光接地后，健全相电压突然升高也会出现很大涌流，造成该相互感器磁路饱和，励磁电感减小，中性点出现位移电压。如果此时互感器励磁阻抗与母线或导线的对地容抗的参数配合适当，使三相总导纳接近于零，则产生工频串联谐振。除此以外，由于铁心的磁饱和产生了电流、电压谐波，进而发生谐波谐振（根据线路长度的不同，可能是高频、工频或分频谐振）。尽管分频谐振的过电压一般不超过 2 倍相电压，但由于励磁感抗减小，电磁式电压互感器将深度饱和，励磁电流急剧增大，甚至达到额定值的百倍以上，从而造成电磁式电压互感器发热、甚至开裂或爆炸。消除这种铁磁谐振的方法包括：绝大部分是将电磁式电压互感器高压侧中性点经高阻抗接地，如零序互感器或一次消谐器（可变电阻）；其次是二次消谐，如在剩余电压绕组的开口三角端并接一个电阻或加装专用消谐器；此外还有在母线上加装一定的对地电容避开谐振区域、选用低磁密电磁式电压互感器、电源变压器中性点改为经消弧线圈接地等。

（2）在中性点直接接地系统中，如果接在母线上的电磁式电压互感器与母线对地电容相并联后呈感性，且断路器断口电容与电磁式电压互感器形成串联回路，则当电源电压具有足够大的电压扰动使电磁式电压互感器铁心饱和，其等值电感减小时，就有可能与断口电容发生铁磁谐振。长时间的磁饱和电流将损坏电磁式电压互感器，甚至造成烧毁和爆炸。这种谐振是在电源变压器和电磁式电压互感器的中性点均直接接地的条件下产生的，具有正序和负序性质，故将电磁式电压互感器剩余电压绕组开口短接并不能完全消除谐振。

（3）由电容式电压互感器的等值电路可知，当二次侧空载时，中间变压器的励磁阻抗与等值电容相串联，其自然谐振频率一般为工频的十几分之一或更低。当电容式电压互感器一次侧突然合闸或二次侧发生短路又突然消除等电流冲击时，暂态过程产生的过电压会使中间变压器铁心出现磁饱和，励磁电感急剧下降，使得其与等值电容的自然谐振频率上升至工频的 1/2、1/3、1/5 等，可能出现分频谐振。由于回路中本身电阻很小，不外加阻尼或阻尼参数不当，分频铁磁谐振就会持续下去。这种谐振过电压的幅值可达到额定电压的 2～3 倍，长期过电流可造成中间变压器和电抗器绕组过热和绝缘损坏，同时由于剩余电压绕组开口三角电压值升高，将导致继电保护误动。因此电容式电压互感器必须设置阻尼器，在短时间内大量消耗谐振能量，以抑制其自身铁磁谐振。图 3-11（a）、图 3-11（b）为某 1000kV 电容式电压互感器在额定电压下的铁磁谐振试验波形，通道 3、4 分别显示电容式电压互感器的二次电压、二次电流，通道 2 显示一次电压。图 3-11（c）、图 3-11（d）为某 220kV 电容式电压互感器的铁磁谐振试验波形，通道 1、2 分别显示电容式电压互感器的二次电压、二次电流，通道 3 显示一次电压。从二次电流消失时刻算起的约 100ms 时间段内的二次电压就是典型的铁磁谐振波形。

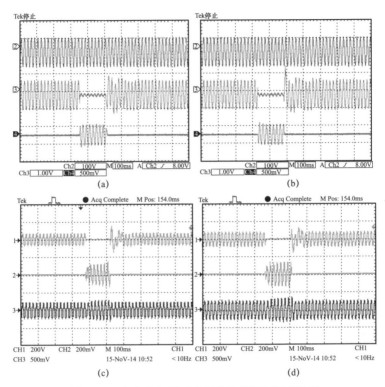

图 3-11　电容式电压互感器的铁磁谐振试验波形

（a）1000kV CVT 的波形 1；（b）1000kV CVT 的波形 2；

（c）220kV CVT 的波形 1；（d）220kV CVT 的波形 2

（4）GB/T 20840.5—2013《互感器　第 5 部分：电容式电压互感器的补充技术要求》的 6.502.2 规定了电容式电压互感器铁磁谐振的暂态振荡。

1）暂态振荡由铁磁谐振振荡时间 T_F 之后的最大瞬时误差 $\hat{\varepsilon}_F$ 来限定，见式（3-3）：

$$\hat{\varepsilon}_F = \frac{\hat{U}_s - \dfrac{\sqrt{2}U_p}{k_r}}{\dfrac{\sqrt{2}U_p}{k_r}} = \frac{k_r \times \hat{U}_s - \sqrt{2}U_p}{\sqrt{2}U_p} \qquad (3\text{-}3)$$

式中　$\hat{\varepsilon}_F$——最大瞬时误差；

　　　$\hat{U}_s$——在时间 T_F 之后的二次电压（峰值）；

U_p——一次电压（方均根值）；

k_r——额定变比。

2）在不超过 $F_v \times U_{pr}$（U_{pr} 为额定一次电压的方均根值）的任一电压下和负荷为 0 至额定负荷之间的任一值时，由开关操作或者由一次或二次端子上暂态现象引起的电容式电压互感器的铁磁谐振不应持续。指定时间 T_F（铁磁谐振振荡时间）之后的最大瞬时误差 $\hat{\epsilon}_F$ 要求列于表 3-3 和表 3-4。

表 3-3　　　　　CVT 的铁磁谐振要求（中性点有效接地系统）

一次电压 U_p（方均根值）	铁磁谐振振荡时间 T_F（s）	经时间 T_F 之后的最大瞬时误差 $\hat{\epsilon}_F$（%）
$0.8U_{pr}$	≤0.5	≤10
$1.0U_{pr}$	≤0.5	≤10
$1.2U_{pr}$	≤0.5	≤10
$1.5U_{pr}$	≤2	≤10

表 3-4　CVT 的铁磁谐振要求（中性点非有效接地系统或中性点绝缘系统）

一次电压 U_p（方均根值）	铁磁谐振振荡时间 T_F（s）	经时间 T_F 之后的最大瞬时误差 $\hat{\epsilon}_F$（%）
$0.8U_{pr}$	≤0.5	≤10
$1.0U_{pr}$	≤0.5	≤10
$1.2U_{pr}$	≤0.5	≤10
$1.9U_{pr}$	≤2	≤10

（5）GB/T 20840.5—2013《互感器　第 5 部分：电容式电压互感器的补充技术要求》的 7.2.503 对电容式电压互感器的铁磁谐振试验作出规定。铁磁谐振试验应采用二次端子至少短路 0.1s 的方法进行。切除短路所用保护装置（如熔丝、断路器等）的选择，由制造方与用户协商确定。如果没有协议，则由制造方自行选择。对于中性点有效接地系统的铁磁谐振试验，应在表 3-3 规定的每个一次电压下至少进行 10 次。对于中性点非有效接地系统或中性点绝缘系统的铁磁谐振试验，应在表 3-4 规定的每个一次电压下至少进行 10 次。

3.18　暂态响应 transient response

定义　　在暂态条件下，电容式电压互感器二次电压与高压端子一次电压在波形上的保真度。

【定义来源】 GB/T 2900.94—2015《电工术语 互感器》4.18 条。

解析 本定义涵盖了 GB/T 20840.5—2013《互感器 第 5 部分：电容式电压互感器的补充技术要求》中的 3.1.509 "暂态响应" 的定义。

【历史沿革】 "暂态响应" 又称 "瞬变响应"，详见 GB/T 4703—2007《电容式电压互感器》中的 3.1.33 "暂态响应（瞬变响应）"。

【基本原理】

（1）电磁式电压互感器的时间常数很小，储存在电感中的能量能够迅速释放，所以无需特别研究其暂态响应问题。

（2）电容式电压互感器中的电容器、补偿电抗器和中间变压器上都有储能，这些能量要经过中间变压器和负荷等 RLC 回路释放。不同的回路参数下，将出现衰减振荡或指数衰减过程，造成二次侧残余电压较高且衰减速度较慢。致使一次侧发生对地短路后，二次电压要经过一定时间后才能衰减到零，从而影响继电保护对一次电压信息的判断。

（3）电容分压器的等值电容、中间变压器的励磁特性、二次负荷、阻尼装置的特性以及一次电压短路时的相角等因素都会影响暂态响应。其中，阻尼装置特性是改善暂态响应的关键因素。

（4）图 3-12 为某 1000kV 电容式电压互感器的暂态响应试验波形。通道 2、3 分别显示一次电压和二次电压。

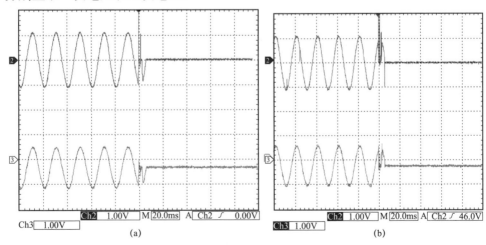

图 3-12 电容式电压互感器的暂态响应试验波形

（a）满载；（b）轻载

3.19 耦合电容器 coupling capacitor

定义 一种用来在电力系统中传输信号的电容器。

【定义来源】 GB/T 20840.5—2013《互感器 第 5 部分：电容式电压互感器的补充技术要求》3.1.519 条。

解析 耦合电容器主要由电容芯体和金属膨胀器组成，电容芯体通常是通过 4 根电工绝缘纸板拉杆压紧。

【历史沿革】 本定义与 GB/T 4703—2007《电容式电压互感器》中的 3.2.7"耦合电容器"的定义相同。

【实物图片】 110kV CVT 的耦合电容器如图 3-13 所示。

3.20 电容分压器 capacitor voltage divider

定义 电容器组成的交流分压器，为电容式电压互感器承载一次电压的组件，也可用为电力系统中传输信号的耦合电容器。

【定义来源】 GB/T 2900.94—2015《电工术语 互感器》4.19 条。

图 3-13 110kV CVT 的耦合电容器

解析

（1）GB/T 2900.94—2015《电工术语 互感器》的 4.19 的定义侧重描述电容分压器的组成元件（电容器）与功能（承载一次电压、作为耦合电容器）。

（2）GB/T 20840.5—2013《互感器 第 5 部分：电容式电压互感器的补充技术要求》中的 3.1.517"电容分压器"的定义为"构成交流分压器的电容器叠柱单元"。该定义强调了电容分压器是以"叠柱单元"的形式出现在电容式电压互感器产品中。

（3）由于电容器元件的不同，1000kV 罐式电容式电压互感器的电容分压器不构成叠柱单元。

图 3-14 1000kV 电容式电压
互感器最下节分压器

【历史沿革】

（1）GB/T 4703—2007《电容式电压互感器》中的 3.2.1"电容分压器"的定义与 GB/T 20840.5—2013《互感器 第 5 部分：电容式电压互感器的补充技术要求》中的 3.1.517"电容分压器"的定义相同。

（2）DL/T 726—2000《电力用电压互感器订货技术条件》中的 3.35"分压器（divider）"的定义为"由电阻器、电容器或电感器组成的一种装置，可以在这个装置的两个端子之间得到一个和待测电压成比例的电压"。3.36"电容分压器"的英文对应词为"capacity divider"。

【实物图片】 图 3-14 为某 1000kV 电容式电压互感器最下节的电容分压器，电容器装在瓷套之中，下法兰处的中压套管为中压端子（电容分压器的），接入电磁单元。

3.20.1 高压端子（电容分压器的）high voltage terminal（of a capacitor divider）

定义 电容分压器与电网线路导体连接的端子，或称为线路端子。

【定义来源】 GB/T 2900.94—2015《电工术语 互感器》4.19.1 条。

解析 GB/T 20840.5—2013《互感器 第 5 部分：电容式电压互感器的补充技术要求》中的 3.1.507"线路端子（高压端子）、line terminal（high voltage terminal）"的定义为"与电网线路导体连接的端子"。

【历史沿革】 DL/T 726—2000《电力用电压互感器订货技术条件》中的 3.37"高电压（或线路）端子、high voltage（or line）terminal"的定义为"用来连接到电力线路或母线上的端子"。

【实物图片】 实物图可参见图 3-8 及图 3-15。其中，图3-15（a）所示的 1000kV 电容式电压互感器出厂试验时，其高压端子（电容分压器的）通过波纹管线连接至试验变压器。

(a)　　　　　　　　(b)

图 3-15　高压端子（电容分压器的）的位置

（a）1000kV CVT（出厂试验）；（b）±800kV 酒泉换流站中的 750kV CVT（现场误差试验）

3.20.2　中压端子（电容分压器的）intermediate voltage terminal（of a capacitor divider）

定义　连接中压电路（例如电容式电压互感器的电磁单元）的端子。

【定义来源】　GB/T 2900.94—2015《电工术语　互感器》4.19.2 条。

解析　本定义与 GB/T 20840.5—2013《互感器　第 5 部分：电容式电压互感器的补充技术要求》中的 3.1.522"（电容分压器的）中压端子"的定义相同。

【历史沿革】

（1）本定义与 GB/T 4703—2007《电容式电压互感器》中的 3.2.10"（电容分压器的）中压端子"的定义相同。

（2）DL/T 726—2000《电力用电压互感器订货技术条件》中的 3.40"中间电压端子"的定义为"用来连接到中间电压回路（例如电磁单元）上的端子。该端子即可从分压器上按比例抽取电压"。

【实物图片】　图 3-14 中下法兰处的中压端子（电容分压器的）如图 3-16 所示。需要说明的是，750kV 及以下电压等级的支柱式 CVT，由于是叠装式结构，其中压端子（电容分压器的）位于电容分压器底部，并经中压出线套管进入电磁单元，与电磁单元相连。

图 3-16 1000kV 电容式电压互感器的中压端子

3.20.3 低压端子（电容分压器的）low voltage terminal（of a capacitor divider）

定义 直接接地或通过电网频率阻抗值可忽略的阻抗（例如载波附件）接地的端子。

【定义来源】 GB/T 2900.94—2015《电工术语 互感器》4.19.3 条。

解析 本定义涵盖了 GB/T 20840.5—2013《互感器 第 5 部分：电容式电压互感器的补充技术要求》中的 3.1.523 "（电容分压器的）低压端子"的定义。

【历史沿革】

（1）本定义涵盖了 DL/T 726—2000《电力用电压互感器订货技术条件》中的 3.38 "低电压端子"的定义。

（2）GB/T4703—2007《电容式电压互感器》中的 3.2.11 "（电容分压器的）低压端子"的定义为"直接接地或通过额定频率下阻抗值可以忽略的排流线圈接地的端子（N），该端子供电力线路载波（PLC）使用"。

图 3-17 1000kV 电容式电压
互感器的低压端子

【实物图片】 图 3-17 为 1000kV 电容式电压互感器的低压端子，该端子直接接地。

【延伸】 该低压端子必须可靠接地。如果由于某些原因在运行中造成低压端子失去接地或接地点接触不良，则该低压端子对地就会形成一个电容，将在低压端子与地之间形成很高的悬浮电压并对地放电，烧毁其他元件。

3.20.4 高压电容器（电容分压器的）high voltage capacitor (of a capacitor divider)

定义 接在高压端子与中压端子之间的电容器。

【定义来源】 GB/T 2900.94—2015《电工术语 互感器》4.19.4 条。

解析 GB/T 20840.5—2013《互感器 第 5 部分：电容式电压互感器的补充技术要求》中的 3.1.520 "（电容分压器的）高压电容器"的定义为"电容分压器中接于线路端子与中压端子之间的电容器"，但 3.1.520 指出（电容分压器的）高压电容器的符号为 C_1。

【历史沿革】

（1）本定义涵盖了 DL/T 726—2000《电力用电压互感器订货技术条件》中的 3.42 "高电压电容器"、DL/T 866—2004《电流互感器和电压互感器选择及计算导则》中的 3.2.3.3 "高压电容器"的定义。

（2）GB/T 4703—2007《电容式电压互感器》中的 3.2.8 "（电容分压器的）高压电容器"的定义与 GB/T 20840.5—2013《互感器 第 5 部分：电容式电压互感器的补充技术要求》中的 3.1.520 "（电容分压器的）高压电容器"的定义相同。

【符号或公式】 C_1

3.20.5 中压电容器（电容分压器的）intermediate voltage capacitor (of a capacitor divider)

定义 接在中压端子与低压端子之间的电容器。

【定义来源】 GB/T 2900.94—2015《电工术语 互感器》4.19.5 条。

解析

（1）本定义涵盖了 GB/T 20840.5—2013《互感器 第 5 部分：电容式电压互感器的补充技术要求》中的 3.1.521 "（电容分压器的）中压电容器"的定义，但 3.1.521 指出（电容分压器的）中压电容器的符号为 C_2。

（2）在电容式电压互感器的产品中，中压端子与低压端子均可视为电容分压器的一部分，这两部分之间的电容器就是中压电容器。低压端子直接接地还是经载波附件接地则应根据用户要求而定，载波附件的工频阻抗很小，可忽略，因此对于工频而言，这两种情况都相当于直接接地。

（3）在电容式电压互感器的产品中，高压电容器和中压电容器没有做成两个独立部件，而是通过对电容分压器引出抽头的方式将其分为高压电容器和中压电容器，如图 3-18 所示，抽头通过白色引线引出。

图 3-18　中压电容器的抽头

【历史沿革】

（1）本定义涵盖了 GB/T 4703—2007《电容式电压互感器》中的 3.2.9"（电容分压器的）中压电容器"的定义。

（2）DL/T 726—2000《电力用电压互感器订货技术条件》中的 3.43"中间电压电容器、intermediate voltage capacitor"的定义为"电容分压器中，接于中间电压端子和低电压（或接地）端子之间的电容器"。该定义涵盖了 DL/T 866—2004《电流互感器和电压互感器选择及计算导则》中的 3.2.3.4"中压电容器"的定义。

【符号或公式】　C_2

3.20.6　中间电压（电容分压器的）intermediate voltage (of a capacitor divider)

定义　当一次电压施加在电容分压器高压端子与低压端子（或接地端子）之间时，中压端子与低压端子（或接地端子）之间的电压。

【定义来源】　GB/T 2900.94—2015《电工术语　互感器》4.19.6 条。

解析　本定义涵盖了 GB/T 20840.5—2013《互感器　第 5 部分：电容式电压互感器的补充技术要求》中的 3.1.527"（电容分压器的）中间电压"的定义，但 3.1.527 指出（电容分压器的）中间电压的符号为 U_c。

【历史沿革】

本定义涵盖了 GB/T 4703—2007《电容式电压互感器》中的 3.2.15 "（电容分压器的）中间电压"、DL/T 726—2000《电力用电压互感器订货技术条件》中的 3.50 "中间电压"的定义。

【符号或公式】 U_C

【延伸】 电容式电压互感器的负荷误差与中间电压额定值的平方成反比。中间电压额定值一般常取为 13kV。我国因二次负荷参数过高而导致中间电压值选择偏高，甚至达到 $35/\sqrt{3}\mathrm{kV}$。1000kV 电容式电压互感器的额定负荷小于 15VA，其中间电压额定值为 6kV 或 8kV。

3.20.7　分压比（电容分压器的）voltage ratio（of a capacitor divider）

定义　施加在电容分压器上的电压与开路中间电压的比值。

【定义来源】 GB/T 2900.94—2015《电工术语　互感器》的 4.19.7、GB/T 20840.5—2013《互感器　第 5 部分：电容式电压互感器的补充技术要求》的 3.1.528 "（电容分压器的）分压比"［符号、注（1）中的公式以及注（2）来自该术语］。

【注】

（1）此分压比对应于高压电容器和中压电容器的电容之和除以高压电容器电容：$K_\mathrm{C}=(C_1+C_2)/C_1$。

（2）C_1 和 C_2 包括杂散电容，这些杂散电容通常可以忽略。

【历史沿革】

（1）本定义与 GB/T 4703—2007《电容式电压互感器》中的 3.2.16 "（电容分压器的）分压比"、DL/T 726—2000《电力用电压互感器订货技术条件》中的 3.51 "分压比、voltage division ratio"的定义的含义相同。

（2）本定义涵盖了 DL/T 866—2004《电流互感器和电压互感器选择及计算导则》中的 3.2.3.6 "分压比、voltage ratio（of a capacitor divider）"的定义。

（3）当高压电容器和中压电容器均具有额定值时所对应的分压比可称为额定分压比（rated voltage division ratio），详见 DL/T 726—2000《电力用电压互感器订货技术条件》中的 3.52 "额定分压比"。

【符号或公式】K_{C}

3.20.8　（电容器）元件（capacitor）element

定义　主要由电介质和被它隔开的电极构成的部件。

【定义来源】　GB/T 20840.5—2013《互感器　第 5 部分：电容式电压互感器的补充技术要求》3.1.514 条。

解析　（电容器）元件是由铝箔电极和放在其间的数层电容介质卷绕后压扁并经高真空浸渍处理而成的。电容介质采用聚丙烯薄膜与电容器纸复合（二膜三纸或二膜一纸）并浸渍。聚丙烯薄膜的机械强度高、电气性能好，耐电强度高（是油浸纸的 4 倍），介质损耗则仅为油浸纸的十分之一，且其温度特性与油浸纸的温度特性互补，可使电容器的电容温度系数大幅降低。（电容器）元件的实物如图 3-19 所示。

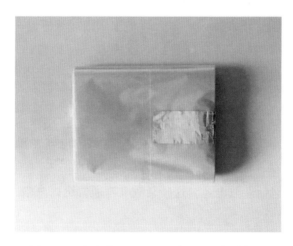

图 3-19　电容分压器的（电容器）元件实物图

【延伸】　为了提高产品的可靠性，电容分压器的（电容器）元件的工作场强须选用较低值。国内设计场强一般为高压并联电容器场强的 1/3 左右，一般控制膜纸复合设计场强为 10～13kV/mm，纸上场强不超过 8 kV/mm，每个元件工作电压小于 1kV。

3.20.9　（电容器）单元（capacitor）unit

定义　由一个或多个电容器元件组装于同一外壳中并有引出端子的组装体。

【定义来源】 GB/T 20840.5—2013《互感器 第5部分：电容式电压互感器的补充技术要求》3.1.515条。

图 3-20 电容分压器的
（电容器）单元实物图

【注】 耦合电容器单元的一般形式，是具有一个绝缘材料制成的圆筒形容器和作为端子的金属法兰。

解析 35、110kV 电容式电压互感器通常只有 1 个（电容器）单元。110kV 以上电容式电压互感器的（电容器）单元可能多个。

【实物图片】 （电容器）单元如图 3-20 所示。

3.20.10 （电容器）叠柱 （capacitor） stack

定义 电容器单元串联的组装体。

【定义来源】 GB/T 20840.5—2013《互感器 第5部分：电容式电压互感器的补充技术要求》3.1.516条。

【注】 各电容器单元通常是垂直排列安装的。

解析 图 3-15 （a）所示即为由电容器单元串联叠装的（电容器）叠柱。

3.20.11 电容器的额定电容 rated capacitance of a capacitor

定义 电容器设计时选用的电容值。

【定义来源】 GB/T 20840.5—2013《互感器 第5部分：电容式电压互感器的补充技术要求》3.1.518条。

【注】 本定义适用于：①对于电容器单元，指单元的端子之间的电容；②对于电容器叠柱，指叠柱的线路端子与低压端子之间或线路端子与接地端子之间的电容；③对于电容分压器，指总电容 $C_r = C_1 \times C_2 / (C_1 + C_2)$。

【历史沿革】

（1）本定义与 GB/T 4703—2007《电容式电压互感器》中的 3.2.6 "电容器的额定电容"的定义相同，仅文字和格式上有差异。

（2）本定义涵盖了 DL/T 726—2000《电力用电压互感器订货技术条件》中的 3.33"额定电容"的定义。

【延伸】

（1）电容分压器的总电容，通常又被称为主电容。

（2）电容分压器的额定电容值的选择，与二次绕组的数量、准确等级及额定负荷有关。《国家电网公司输变电工程通用设备 110（66）～750kV 智能变电站一次设备（2012 年版）》在规定了电容式电压互感器的二次绕组数量、准确等级及额定负荷的同时规定了额定电容量：750、500、330、220kV 为 5000pF，110kV 为 10000pF，66kV 为母线处 20000pF、线路外侧 10000pF，35kV 为 20000pF。

【符号或公式】 C_r

3.20.12 （电容器的）高频电容 high frequency capacitance（of a capacitor）

定义 给定高频下的有效电容值，是电容器的固有电容和自感共同作用的结果。

【定义来源】 GB/T 20840.5—2013《互感器 第 5 部分：电容式电压互感器的补充技术要求》3.1.526 条。

【历史沿革】

（1）本定义与 GB/T 4703—2007《电容式电压互感器》中的 3.2.14"（电容器的）高频电容"的定义相同。

（2）本定义涵盖了 DL/T 726—2000《电力用电压互感器订货技术条件》中的 3.44"高频电容"的定义。

【延伸】 对于 35～750kV 等级电容式电压互感器，《国家电网公司输变电工程通用设备 110（66）～750kV 智能变电站一次设备（2012 年版）》规定其载波工作频率范围为 30～500kHz，规定其高频电容实测值对额定电容的相对偏差不大于−20%～50%。

3.20.13 电容器的等值串联电阻 equivalent series resistance of a capacitor

定义 一个假想的电阻，如果将它和一个电容值与所研究电容器相等的理想电容器串联时，则在给定高频的规定工作条件下，该电阻上的功率损耗等于此电容器消耗的有功功率。

【定义来源】 GB/T 20840.5—2013《互感器　第 5 部分：电容式电压互感器的补充技术要求》3.1.525 条。

解析

（1）本定义与 GB/T 4703—2007《电容式电压互感器》中的 3.2.13"电容器的等值串联电阻"的定义相同。

（2）本定义与 DL/T 726—2000《电力用电压互感器订货技术条件》中的 3.47"等值串联电阻"的定义的含义相同，仅文字表述上略有差异。

【延伸】 对于 35～750kV 等级电容式电压互感器，《国家电网公司输变电工程通用设备 110（66）～750kV 智能变电站一次设备（2012 年版）》规定其等值串联电阻不大于 40Ω。

3.20.14　电容器损耗 capacitor losses

定义　电容器所消耗的有功功率。

【定义来源】 GB/T 20840.5—2013《互感器　第 5 部分：电容式电压互感器的补充技术要求》3.1.529 条。

【历史沿革】 本定义与 GB/T 4703—2007《电容式电压互感器》中的 3.2.17"电容器损耗"的定义相同。

3.20.15　电容器的损耗角正切（tan δ）tangent of the loss angle（tan δ）of a capacitor

定义　电容器的有功功率 P_a 与无功功率 P_r 的比值：$\tan\delta = P_a/P_r$。损耗角正切（tanδ）也称作介质损耗因数。

【定义来源】 GB/T 20840.5—2013《互感器　第 5 部分：电容式电压互感器的补充技术要求》3.1.530 条（改写：增加了"电容器的"）。

解析

（1）根据 GB/T 20840.5—2013《互感器　第 5 部分：电容式电压互感器的补充技术要求》的 7.2.501.2，tanδ 测量的目的是检查产品的一致性，允许变化的限值可由制造方和用户协商确定。tanδ 值取决于绝缘结构、电压、温度和测量频率等因素。某些类型介质的 $\tan\delta$ 值是测量前经受电场作用时间的函数。$\tan\delta$ 是干燥和浸渍工艺的一个指标。

（2）GB/T 20840.5—2013《互感器　第 5 部分：电容式电压互感器的补充技术要求》的 5.3.3.3.502 规定了电容器的工频介质损耗因数，用 U_{pr} 下测得的 $\tan\delta$ 来表示，其允许值如下：①复合介质（膜—纸—膜或纸—膜—纸）：$\leqslant$ 0.0015；②全膜结构：$\leqslant$0.001。同时指出：各 $\tan\delta$ 值是矿物油或合成油浸渍的介质在 20℃（293K）时的数值。

【历史沿革】　本定义涵盖了 GB/T 4703—2007《电容式电压互感器》中的 3.2.18"电容器的损耗角正切"的定义。

【延伸】　GB/T 20840.5—2013《互感器　第 5 部分：电容式电压互感器的补充技术要求》的 7.2.501.2 规定了 $\tan\delta$ 应在（0.9～1.1）U_{pr} 的电压下与电容测量同时进行，所用方法应能排除由于谐波和测量电路附件所引起的误差。应给出测量不确定度。测量应在额定频率下或者经协商同意在 0.8～1.2 倍额定频率下进行。

3.20.16　电容器的电介质 dielectric of a capacitor

定义　电极之间的绝缘材料。

【定义来源】　GB/T 20840.5—2013《互感器　第 5 部分：电容式电压互感器的补充技术要求》3.1.534 条。

【历史沿革】　本定义与 GB/T 4703—2007《电容式电压互感器》中的 3.2.22 "电容器的电介质"的定义相同。

【延伸】

（1）支柱式 CVT 的电容器的电介质采用聚丙烯薄膜与电容器纸复合（二膜三纸或二膜一纸）并浸渍。

（2）1000kV 罐式电容式电压互感器的电容器的电介质为 SF_6。

3.21　电磁单元 electromagnetic unit

定义　电容式电压互感器的组成部分，接在电容分压器的中压端子与接地端子之间（或当使用载波耦合装置时直接接地），用以提供二次电压。

【定义来源】 GB/T 20840.5—2013《互感器　第5部分：电容式电压互感器的补充技术要求》3.1.535条。

【注】 电磁单元主要由一台变压器和一台补偿电抗器组成，变压器将中间电压降低到二次电压要求值。在额定频率 f_r 下，补偿电感的感抗 $L \times (2\pi f_r)$ 近似等于分压器两部分电容并联的容抗 $1/[2\pi f_r \times (C_1 + C_2)]$。补偿电感可以全部或部分并入变压器之中。

解析

（1）GB/T 2900.94—2015《电工术语　互感器》中的4.20"电磁单元"的定义为"电容式电压互感器的组件，接在电容分压器的中压端子与低压端子（或接地端子）之间，用以提供二次电压。电磁单元通常由一台中间变压器和一台补偿电抗器串联组成"。

（2）电容式电压互感器带有载波附件时，电磁单元的低压端子与接地端子相连；没有载波附件时，电磁单元的低压端子与电容分压器的低压端子相连（此时电容分压器的低压端子与接地端是短接的）。

【历史沿革】

（1）本定义与GB/T 4703—2007《电容式电压互感器》中的3.3.1"电磁单元"的定义的含义相同、范围一样，仅语言描述略有差异。

（2）本定义涵盖了DL/T 726—2000《电力用电压互感器订货技术条件》中的3.49"电磁单元"的定义。

（3）本定义涵盖了DL/T 866—2004《电流互感器和电压互感器选择及计算导则》中的3.2.3.5"电磁单元"的定义。

【实物图片】 电容式电压互感器的电磁单元如图3-21所示。

【延伸】 电磁单元油箱内可能充以不同的浸渍剂（如变压器油、电容器油、十二烷基苯等），但都与电容分压器油路不相通。在油箱顶部都留有一定空气层（或充以氮气）以补偿绝缘油因温度造成的体积变化，并可避免电磁单元发热的热量直接传至电容单元，引起高、中压电容器形成温差。

3.21.1　中间变压器 intermediate transformer

【同义词】 中压变压器

定义　一台电压互感器，在正常使用条件下，其二次电压实质上正比于一

图 3-21　电容式电压互感器的电磁单元实物图

(a) 待试验产品 1（1000kV CVT）；(b) 待试验产品 2（1000kV CVT）；

(c) 待出厂产品 3 及其内部

次电压。

【定义来源】　GB/T 2900.94—2015《电工术语　互感器》4.20.1 条、GB/T 20840.5—2013《互感器　第 5 部分：电容式电压互感器的补充技术要求》3.1.536 条，补充了同义词。

【历史沿革】　本定义与 GB/T 4703—2007《电容式电压互感器》中的 3.3.2 "中压变压器"的定义相同。

【实物图片】　图 3-22 为生产制造过程中的中间变压器。

【延伸】

(1) 中间变压器采用外轭内铁式三柱铁心，绕组排列顺序为心柱—辅助绕组—二次绕组—高压绕组。

（2）为了使电容式电压互感器具有良好的抗铁磁谐振特性，中间变压器的铁心应选用优质冷轧硅钢片，磁密选取应低些。

（3）为了补偿电容分压器分压比对额定分压比的偏差，中间变压器的一次绕组通常设置附加的调节绕组。图 3-22 中的红色导线即为调节绕组的出线。

图 3-22　中间变压器实物图
（生产过程中）

（4）中间变压器匝电势的计算公式为：

$$e_t = K \sqrt{\frac{S}{100}} \qquad (3-4)$$

式中　S——铁心每柱容量；

　　　e_t——匝电势，V/匝。

K 取值在 0.6～0.9 之间（为了降低绕组电阻和电抗，常选用较大值）。

（5）中间变压器绕组的额定匝数计算公式为：

$$N = \frac{4.44 f_r B_r S_T}{e_t} \qquad (3-5)$$

式中　f_r——额定频率；

　　　B_r——额定磁密；

　　　S_T——铁心截面积。

3.21.2　补偿电抗器（或补偿电感）compensating reactor（compensating inductance）

定义　串联接在中间变压器一次绕组高压端或接地端的电抗器（电感），其感抗值设计上应等于分压器高压电容器与中压电容器并联的容抗值。对应的电感值也可并入中间变压器之中。

【定义来源】　GB/T 2900.94—2015《电工术语　互感器》4.20.2 条。

解析　GB/T 20840.5—2013《互感器　第 5 部分：电容式电压互感器的补充技术要求》中的 3.1.537 "补偿电抗器"的定义为"一台电抗器，通常接在中压端子与中间变压器一次绕组的高压端子之间，或接在接地端子与中间变压器一次绕组的接地侧端子之间，或者将其电感值并入中间变压器的一次和二次绕组内"。该定义的注为"补偿的电感 L 的设计值为 $L = \dfrac{1}{(C_1 + C_2) \times (2\pi f_r)^2}$"。

【历史沿革】 GB/T 20840.5—2013《互感器 第5部分：电容式电压互感器的补充技术要求》中的 3.1.537 "补偿电抗器"的定义与 GB/T 4703—2007《电容式电压互感器》中的 3.3.3 "补偿电抗器"的定义的含义相同，仅在文字上略有差异。

【实物图片】 图 3-23 为 C 形铁心补偿电抗器，右侧为调节抽头的白色引线，铁心气隙位于铁心的下中部。

图 3-23　补偿电抗器实物图
（生产过程中）

【延伸】

（1）图 3-3 中，理论上补偿电抗器的感抗值为 $X_K = X_C - X_{T1} - X'_{T2}$。为了减少设备的相位差，常使 $X_K + X_{T1} + X'_{T2}$ 略大于 X_C，称为过补偿。

（2）为了补偿高压电容器 C_1 和中压电容器 C_2 对其额定值的制造偏差，补偿电抗器设置了相应的调节抽头。

（3）补偿电抗器常采用山字形或 C 形铁心。为了改善铁磁谐振特性以及使电抗便于调整到需要的数值，且在一定范围内维持恒定值，铁心应有适当大小的气隙，同时补偿电抗器铁心的磁密要选低一些，一般控制在 0.2T 以下。

（4）选用优质冷轧硅钢片，可以降低补偿电抗器的铁损。

（5）补偿电抗器可串联接在中间变压器一次绕组的高压端或接地端，两种情况下的匝绝缘要求相同，但主绝缘要求不同，前者对地要求达到电容分压器中压端子的绝缘水平。

3.21.3　补偿电抗器的保护器件 protection element of compensating reactor

定义　用以限制补偿电抗器过电压的一种器件，并有利于阻尼电容式电压互感器的铁磁谐振。

【定义来源】 GB/T 2900.94—2015《电工术语 互感器》4.20.3 条，GB/T 20840.5—2013《互感器 第 5 部分：电容式电压互感器的补充技术要求》3.1.543 条。

【历史沿革】 GB/T 4703—2007《电容式电压互感器》中的 3.3.5 "补偿电抗器的保护器件"的定义为"并联于补偿电抗器两端的一个器件，用以限制电抗器的过电压，且有利于阻尼 CVT 的铁磁谐振"。

【实物图片】 用作补偿电抗器的保护器件的氧化锌阀片避雷器实物如图 3-24 所示。

【延伸】

（1）补偿电抗器两端的电压在正常运行时只有几百伏。当电容式电压互感器二次侧发生短路和开断过程时补偿电抗器两端将出现过电压。补偿电抗器的保护器件除了降低其两端电压（一般产品按补偿电抗器额定工况下电压的 4 倍考虑）外，还能对阻尼铁磁谐振起良好作用。

图 3-24 氧化锌阀片
避雷器实物图

（2）补偿电抗器的保护器件通常包括间隙加电阻、氧化锌阀片加电阻或不加电阻、补偿电抗器设二次绕组并接入间隙和电阻等。

3.21.4 阻尼装置 damping device

定义 电磁单元中的一种装置，用以限制可能出现在一个或多个部件上的过电压，以及（或者）抑制持续的铁磁谐振，以及（或者）改善电容式电压互感器暂态响应特性。

【定义来源】 GB/T 2900.94—2015《电工术语 互感器》4.20.4 条。

解析 本定义与 GB/T 20840.5—2013《互感器 第 5 部分：电容式电压互感器的补充技术要求》中的 3.1.538"阻尼装置"的定义的含义相同。

【历史沿革】 本定义与 GB/T 4703—2007《电容式电压互感器》中的 3.3.4"阻尼装置"的定义的含义相同。

【延伸】

（1）阻尼装置主要有谐振型和速饱和型两大类，接在电容式电压互感器的剩余电压绕组上。

（2）谐振型阻尼装置的原理如图 3-25 所示，为线性电路。L_z 和 C_z 在工频电压下并联谐振、电抗极大，则在正常运行条件下，该支路相当于开路，只有很小的电流流过阻尼电阻 R_z，对正常运行的影响可以忽略。当发生分数频谐振时，L_z 和 C_z 的并联谐振条件被破坏、阻抗下降，电流剧增，瞬时在 R_z 上消耗很大功率，从而有效地消除谐振。电感 L_z 采用山字形带气隙的硅钢片铁心、

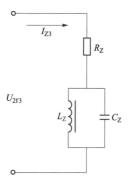

图 3-25　谐振型阻尼装置的原理图

中柱套上绕组制成。为使 L_Z 在正常运行时与发生分数频谐振时的电感值接近相等，应使 L_Z 在额定运行条件下磁密较低，气隙的选取也应适当。阻尼电阻 R_Z 常用电阻丝绕制而成。谐振型阻尼装置对电容式电压互感器的暂态响应有不利影响，对装有快速保护的电网要慎用。

（3）速饱和型阻尼装置暂态响应效果良好、能满足系统快速保护装置的要求，因而得到了广泛应用。速饱和型阻尼装置由速饱和电抗器与电阻器串联而成，在正常运行情况下，速饱和电抗器的阻抗大，相当于开路状态，所消耗的功率小，不影响电容式电压互感器的正常运行。当发生铁磁谐振或暂态过电压时，速饱和电抗器快速深度饱和、电感值急剧下降，大电流通过电阻器消耗大量功率，有效阻尼铁磁谐振或暂态过电压。速饱和电抗器应选用坡莫合金铁心、并具有陡峭的饱和特性，使之具有能够快速深度饱和的特性。在设计时应使其磁化特性（伏安特性）曲线的拐点显著低于中间变压器的磁化特性（伏安特性）拐点。电阻器的阻值选择原理与谐振型阻尼装置相同，但考虑到电压波形畸变、磁化特性分散性等因素，还要根据试验结果进行调整。速饱和电抗器如图 3-26 所示。

（4）速饱和型阻尼装置的设计参数选择不当或元件制造不良时，有可能不起作用，达不到阻尼效果，致使分频谐振长期存在，进而引发事故。这类事故常发生在母线电压并不高、新安装投运而二次实际空载运行时。

图 3-26　速饱和电抗器实物图
（生产过程中）

（5）阻尼装置的接头或部件松动、安装不良或阻尼电阻的螺栓离箱壁太近而造成碰触，都有可能导致在正常运行条件下，阻尼电阻上就有电流流过，产生热量导致电磁单元温度升高。

3.22 载波附件 carrier-frequency accessories

定义　接在电容分压器低压端子与地之间用以注入载波信号的电路元件，其阻抗在工频下很小，但在载波频率下相当大。

【定义来源】　GB/T 2900.94—2015《电工术语　互感器》4.21 条。

解析

（1）本定义涵盖了 GB/T 20840.5—2013《互感器　第 5 部分：电容式电压互感器的补充技术要求》中的 3.1.539 "载波附件" 的定义。

（2）GB/T 20840.5—2013《互感器　第 5 部分：电容式电压互感器的补充技术要求》的 6.504.1 对载波附件提出的部分要求为：载波附件包括一个排流线圈和一个限压装置，应接在电容分压器低压端子与接地端子之间。

（3）载波附件及其典型连接如图 3-27 所示。

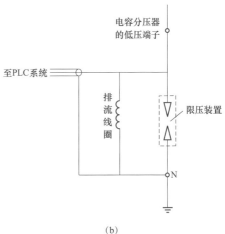

（a）　　　　　　　　　　　　　　　　　（b）

图 3-27　载波附件及其典型连接
（a）载波附件（内部有排流线圈）；（b）典型连接

【历史沿革】　本定义涵盖了 GB/T 4703—2007《电容式电压互感器》中的 3.4.1 "载波附件" 的定义。

3.22.1 排流线圈 drain coil

定义　接在电容分压器低压端子与地之间的一个电感元件，其阻抗在工频下很小,但在载波频率下具有高阻抗值。

【定义来源】 GB/T 2900.94—2015《电工术语 互感器》4.21.1 条、GB/T 20840.5—2013《互感器 第 5 部分:电容式电压互感器的补充技术要求》3.1.540 条。

解析 GB/T 20840.5—2013《互感器 第 5 部分:电容式电压互感器的补充技术要求》的 6.504.2 规定了排流线圈的设计要求:工频阻抗宜尽可能低,且不超过 20Ω;工频电流的承载能力为连续工作 1A(方均根值),短时电流 50A(方均根值)、持续时间 0.2s;应能承受 $1.2/50\mu s$ 冲击电压,其峰值为限压装置冲击火花放电电压值的两倍。

3.22.2 限压器件 voltage limitation element

定义 跨接在排流线圈两端或接在电容分压器低压端子与地之间的一个器件,用以限制可能出现在排流线圈上的暂态过电压。

【定义来源】 GB/T 2900.94—2015《电工术语 互感器》4.21.2 条、GB/T 20840.5—2013《互感器 第 5 部分:电容式电压互感器的补充技术要求》3.1.541 条。

图 3-28 限压器件实物图(待出厂)

解析 GB/T 20840.5—2013《互感器 第 5 部分:电容式电压互感器的补充技术要求》的 6.504.3 规定"限压装置可以是火花放电间隙或任何其他类型的避雷器,其工频火花放电电压 U_{sp} 不小于额定工作条件下排流线圈两端最大交流电压的 10 倍"。

【实物图片】 限压器件的实物如图 3-28 所示。

3.22.3 载波接地开关 carrier earthing switch

定义 当需要时,用于低压端子接地的开关。

【定义来源】 GB/T 2900.94—2015《电工术语 互感器》的 4.21.3、GB/T

20840.5—2013《互感器　第 5 部分：电容式电压互感器的补充技术要求》的
3.1.541（注来自该术语）。

【注】　产生过电压的可能原因有：

（1）高压端子与地之间短路。

（2）高压端子与地之间出现冲击电压。

（3）线路隔离开关操作。

3.23　电容允许偏差 capacitance tolerance

定义　在规定条件下，实际电容与额定电容之间的允许差值。

【定义来源】　GB/T 20840.5—2013《互感器　第 5 部分：电容式电压互感器的补充技术要求》中的 3.1.524。

解析　GB/T 20840.5—2013《互感器　第 5 部分：电容式电压互感器的补充技术要求》的 5.3.3.3.501 对工频电容作出规定"单元、叠柱及电容分压器的电容 C 的偏差，在 U_{pr} 和环境温度下测量时不应超过其额定电容的-5%～$+10\%$。组成电容器叠柱的任何两个单元的电容之比值偏差，不应超过其单元额定电压之比的倒数的 5%"。

【历史沿革】　本定义与 GB/T 4703—2007《电容式电压互感器》中的 3.2.12 "电容允许偏差"的定义相同。

3.24　电容温度系数 temperature coefficient of capacitance T_C

定义　给定温度变化量下的电容变化率：

$$T_C = \frac{\dfrac{\Delta C}{\Delta T}}{C_{20℃}}$$

式中　T_C——电容变化率，K^{-1}；

　　　ΔC——在温度间隔 ΔT 内所测得的电容变化值；

　　　$C_{20℃}$——20℃时测得的电容值。

【定义来源】　GB/T 20840.5—2013《互感器　第 5 部分：电容式电压互感器的补充技术要求》3.1.531 条。

【注】 本定义的 $\Delta C/\Delta T$ 项，仅当电容在所研究的温度范围内是温度的近似线性函数时方可使用。否则，电容与温度的关系应用曲线或表格表示。

解析 对于 750、500、330、220、110、66、35kV 等级电容式电压互感器，《国家电网公司输变电工程通用设备 110（66）～750kV 智能变电站一次设备（2012 年版）》规定其电容温度系数 $|\alpha| \leqslant 5 \times 10^{-4}$（单位为 K^{-1}）。

【历史沿革】 DL/T 726—2000《电力用电压互感器订货技术条件》中的 3.58 "电容温度系数 (d_c)、capacitor temperature coefficient" 的定义为 "温度每变化 1K 时电容变化量与基准电容（20℃下测得的电容值）的比值"。

【延伸】 为了使电容式电压互感器的误差温度特性满足要求，在电容分压器设计时，除了要选用电容温度系数低的介质材料外，更重要的是高压电容器和中压电容器应具有同一结构，有相同的发热和散热条件，使温度差引起的分压比误差降低。

附录 A 与术语相关的电力互感器案例

A.1 一次端子

【例1】 某 220kV 变电站在冬季发现多台投运 5 年左右的 110kV 干式电流互感器（LGB-110W3）的一次接线柱异常顶起。其原因为设备顶部密封不严，进水积存，结冰膨胀，一次接线柱被顶起，致使内部导电铜管及电容屏骨架钢管破裂。

【例2】 某 500kV 变电站的 220kV 线路 B 相电流互感器的 U 形连接板断裂后，在跨道路硬连接管的重力作用下，将对端隔离开关的过渡连接板折断，最终造成跨路硬连接管一端接地，引发母差保护动作。

A.2 膨胀器

【例1】 某发电厂 1 台 500kV 电流互感器（CA-550）在冬季发生爆炸，上部外壳及膨胀器炸出，绝缘油外溢并着火，造成停电。原因在于：设备在低温环境（−42℃）下运行，膨胀器油补偿量不足，造成顶部绝缘层缺油而产生低能放电。此外，绝缘纸褶皱导致设备内部存在局部放电。

【例2】 某 500kV 变电站的运行人员在交接班巡检中发现某 220kV 线路 A 相电流互感器的波纹式膨胀器动作，将上部防护帽顶起，4 节膨胀器外露。色谱分析总烃 $1302\mu L/L$、乙炔 $3.24\mu L/L$。解体发现末屏引出线与 0.5mm 厚紫铜片焊接工艺不良、凹凸不平，造成电场畸变，产生局部放电，最终导致过热、放电，产生可燃气体。由于互感器油位偏高，且正值 7 月高温季节，最终导致膨胀器动作。

A.3 倒立式电流互感器

【例】 某 220kV 变电站共有 60 台 66kV 倒立式电流互感器。运行后发现有几台出现膨胀器漏油、变形和油位普遍升高现象。经取油样进行色谱分析，有 13 台特征气体严重超标，多达 $10000\mu L/L$。解体检查发现其中 5 台的支杆部分的电容屏出现多层裂纹，且裂纹部位基本相同。经调查，由于该站为新建变电站，进站道路中有 700m 严重凹凸不平，设备经汽车运输时产生了较大摇摆，致使电容屏发生断裂。另外，在现场保管期间，由于地面化冻后塌陷，致使部分互感器发生倾倒，返厂后并未更换绝缘，隐性缺陷未能消除。

A.4 主［电容］屏、端屏

【例】 某变电站一台 500kV 油浸式电流互感器色谱试验中发现 H_2 含量达到 $133.9\mu L/L$，接近注意值，5 个月后跟踪分析，H_2 含量达到 $9644.5\mu L/L$，甲烷含量达到 $300.6\mu L/L$（油中溶解气体含量见表 A.1），初步判断互感器内部存在局部放电。退出运行返厂试验，局部放电量达 300pC，其他指标未见异常。解剖一次绝缘发现：一次绕组 P2 端内侧第三主屏第一端屏绝缘层表面，有一处直径约 $\phi75mm$ 的焦糊区域，如图 A.1 所示，焦糊区域向内逐渐深入，直径逐渐缩小，在第二主屏第二端屏绝缘层处，痕迹消失。现场实测，电容屏绝缘包扎与设计图纸要求相差 3～4mm。由于绝缘包扎缺陷，导致局部放电发生。

表 A.1 油中溶解气体含量表 $\mu L/L$

试验日期	H_2	CO	CO_2	CH_4	C_2H_6	C_2H_4	C_2H_2	总烃
2001.11.30	5.27	10.6	205.2	0	0.37	0.21	0.15	0.73
2002.4.15	133.9	23.3	225.8	3.7	0.2	0.3	0	4.2
2002.9.10	9644.5	53.7	82.1	300.6	17.98	0.75	0.14	319.47

图 A.1 故障 CT 绝缘层表面的焦糊区

A.5　电容式电压互感器、电容分压器、（电容器）元件

【例】　某变电站 500kV 电容式电压互感器春检预试发现 A 相上节电容分压器电容量实际测试值为 10360pF，铭牌值为 15495pF，偏差达－31.14%，严重超标。该节分压器由 4 柱电容单元〔作者注：不是（电容器）单元〕两两并联后再串联组成。解体检查发现：其上半部左柱电容单元有 2 个元件烧损，形成约 2500mm² 的碳化区，如图 A.2（a）所示。由于故障部位靠近元件引线部位，故障电弧将元件之间的引线片烧断，如图 A.2（b）所示，导致电容单元断路，整体电容量下降。

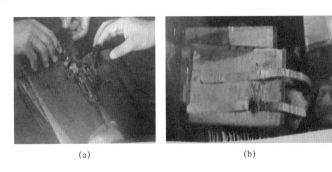

(a)　　　　　　　　　　　　(b)

图 A.2　CVT 电容分压器故障

（a）电容分压器的故障碳化区；（b）断裂的引线片

A.6　电磁单元

【例 1】　某热电厂 1 台投运 3 个月左右的 220kV 电容式电压互感器检查发现其电磁单元内部有异常声音。解体检查发现：电磁单元端部抽头套管的引线断裂，端部有明显放电痕迹；套管对应的下部绝缘板上有少量的碳粉。分析可知：电磁单元端部套管的引出线不合理，在运行过程中开断，致使套管电位悬浮而产生电弧放电；电弧放电导致油中产生大量乙炔；引线断裂后，套管放电造成电磁单元中有异声。电磁单元引线在电弧放电作用下，重新与套管虚接，此时该设备恢复正常运行，异常声音同时消除。

【例 2】　某 500kV 变电站主控警铃响，信号显示线路 C 相电压互感器断线。

运行人员在现场检查，互感器电磁单元有较大放电声。测量电压 U_{ab} 为 520kV，U_{bc} 和 U_{ac} 为 300kV。解体检查发现中间变压器一次绕组与箱底发生放电。

【例3】 某 500kV 变电站的试验人员对电容式电压互感器的电磁单元油进行色谱分析时发现，总烃含量为 $205\mu L/L$，一周后上升为 $288\mu L/L$。解体检查发现中间变压器的调节线圈 K_6 和 K_8 的接头松动，接触不良，产生过热。

参 考 文 献

［1］凌子恕．高压互感器技术手册［M］．北京：中国电力出版社，2005．

［2］肖耀荣，高祖绵．互感器原理与设计基础［M］．沈阳：辽宁科学技术出版社，2003．

［3］国网运行有限公司．高压直流输电岗位培训教材　互感器、滤波器及避雷器设备［M］．
北京：中国电力出版社，2009．

［4］袁季修．电流互感器和电压互感器［M］．北京：中国电力出版社，2011．

［5］王世阁，张军阳．互感器故障及典型案例分析［M］．中国电力出版社，2013．